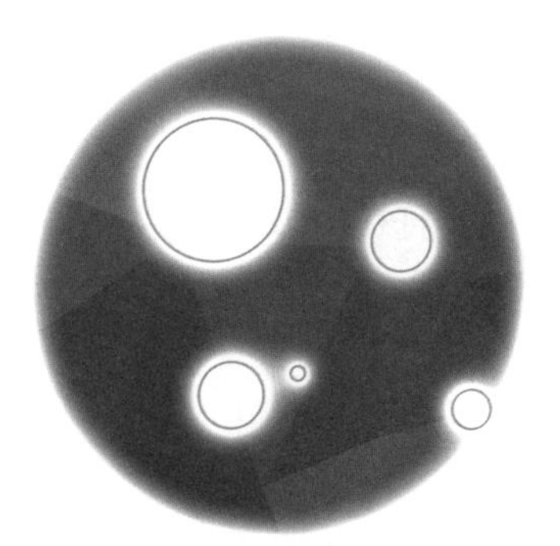

写给孩子的天文奥秘

[彩色图解版]

【美】维吉尔·西尔耶（V.M.Hillyer）著
文慧 译

ASTRONOMY

南海出版公司
2016·海口

图书在版编目（CIP）数据

写给孩子的天文奥秘：彩色图解版 /（美）维吉尔·西尔耶著；文慧译 .-- 海口：南海出版公司，2016.8
ISBN 978-7-5442-8403-5

Ⅰ．①写… Ⅱ．①维… ②文… Ⅲ．①天文学－少儿读物
Ⅳ．① P1-49

中国版本图书馆 CIP 数据核字（2016）第 144470 号

XIEGEI HAIZI DE TIANWEN AOMI : CAISE TUJIE BAN
写给孩子的天文奥秘：彩色图解版

作　　者	[美] 维吉尔·西尔耶
译　　者	文　慧
责任编辑	曾科文　侯　娟
出版发行	南海出版公司　电话：（0898）66722926（出版）　（0898）65350227（发行）
社　　址	海南省海口市海秀中路 51 号星华大厦五楼　　邮编：570206
电子信箱	nhpublishing@163.com
经　　销	新华书店
印　　刷	三河市祥达印刷包装有限公司
开　　本	787 毫米 ×1092 毫米　　1/16
印　　张	17
字　　数	275 千
版　　次	2016 年 8 月第 1 版　　2017 年12月第 7 次印刷
书　　号	ISBN 978-7-5442-8403-5
定　　价	35.00 元

写在前面的话

如果你们喜欢抬头看天空，而不是盯着脚下的地，喜欢看日落日出、追逐太阳和月亮的行踪，喜欢在夜晚盯着漫天繁星数一数、比一比，并同时思考一些离现实生活有点远的事情，这本书将是你们最好的选择。

因为这本书会把地球之外的事物告诉好奇心极其强烈的你们，还会告诉你们：除了我们眼前所能见到的太阳、月亮、明亮的星辰，在肉眼甚至望远镜所能识别的范围之外，浩瀚的宇宙、神秘的星辰里还有更多的奇迹正在发生着。数万年后、数亿年后，我们的地球也会因为那些遥远事物的当初变化而发生变化……

时光荏苒，那时的我们早已烟消云散，根本看不到了，但在脑海中畅想一番也是极富乐趣的。如果你对天文学感兴趣，就一定能从中找到属于自己的乐趣。

因为，我已经找到了。

我的天文乐趣和兴趣的诞生记

记得那时候的我刚刚能把英语说得流利，我每说出一个完整的句子，妈妈都要为此欢呼半天，是惊喜也是鼓励，于是原本害羞的我越发地有了想要尽可能多地表达自己心意的动力。看到美味的华夫饼，口水立马流出来的我会说：“我要这个！我要这个！”看到爸爸的手表指针竟然会如此神奇地自己动，忍不住想要拆开看个究竟的我会说："我要这个！我要这个！"闻到妈妈的口红是樱桃味的之后，我顿时产生了食欲："我要这个！我要这个！"是的，当时的我正处于对欲望和需求毫不掩饰的年纪，觉得全天下的东西都是我的，只要我肯开口去要，就一定能得到。

但有时候，"开口去要"与"得到"的时间差长了一些。那天，我和爸爸一同去摩天大楼参观，在楼顶仍然有很多人走动，我感到很奇怪，因为我印象中的楼顶不应该是这样的，它应该是光秃秃的或是被杂物堆满的。然而这里的楼顶却热闹得如同午饭时间卖热狗的餐车前一样，人们正排着队去"买"什么东西。我让爸爸也带我去看看他们在做什么，终于轮到我们的时候，爸爸朝着一个奇怪的东西里投了硬币，然后抱起我，让我往那个圆柱形的管子里望去，我只看到了一片蓝天、有些许白云（好像离我很近的样子），这些事物用眼睛直接就能看到，干吗还要花钱从这里面看呢？我扭头看了看左右的人，他们也在用那个东西朝着天空看，一副津津有味的样子。我感到，最奇怪的不是这个"毫无意义"的东西，而是能在这种毫无意义的东西里感到快乐的人。当我吵着要回家时，爸爸说："一会儿就天黑了，那时候就会有奇迹发生了。"

奇迹？那时候的我还不能很好地理解这个词，是像圣诞节真的有收到圣诞老人送来的礼物的那种奇迹，还是我打碎花瓶之后，妈妈用一下午又把它复原了的那种奇迹？终于等到天黑，我们又一次获得了使用那个奇怪东西的机会，当我再一次望向原来的那片天空时，我看到的不再是蓝天白云，而是暗蓝色的天空，那种让人感到有些冷的颜色，在薄纱般的灰色云朵后面，有些闪闪亮亮的东西，一会儿在我的左边闪一下，一会儿在我的右边闪一下，有一种玩打地鼠游戏时那种因不可预知而带来的兴奋感。我第一次看到黑色的天空中原来这么热闹，以前用眼睛看黑夜的天空时，只有十几个闪闪亮亮的东西，而现在，多到我都数不清。

我问爸爸："这是什么？"

爸爸回答："是星星，大的星星，小的星星，离我们很近的星星，离我们很远的星星。"

我又问："这是什么？"

爸爸回答："这是天文望远镜，专门用来看星星的。"

我依偎在爸爸的怀里，抬头看了看天上的星星，又低头看了看天文望远镜，指着它大声说：“我要这个！我要这个！”

是的，那是我第一次有了要清楚地看到星星的欲望。但你也知道，像这样的一个天文望远镜的价格往往是不菲的，对我们家当时的经济条件来说，并不是我今天晚上说了要买，第二天就一定能在自己的卧室里见到它的。爸爸对我的要求，没有立即拒绝，也没有立即接受，而是摸摸我的头，温柔地说：“所有追求美好的愿望最终都会实现的。”

三个月后，当百无聊赖的我玩着轨道小火车玩具时，爸爸抱着一个大盒子回来了，我有预感，里面一定是我实现了的愿望。爸爸依次取出天文望远镜的组件，按照说明书组装起来，我在一旁静静地看着这神奇的东西。但我发现了一个问题：“爸爸，没有投币！”我想表达的意思是：“这个天文望远镜没有可以投币的地方。”爸爸意会了我的话：“这是专属于你的天文望远镜，是免费的。”尽管当时的我对金钱价值几何并没有深刻体会，但“能免费看到很多星星”这件事确实激起了我每天都要在放置天文望远镜的阁楼上待上半天时间的耐心，因为我有些害怕它不再专属于我、不再免费。

当我在爸爸的指导下找到了某个星星或者某个星座的时候，我都会学着妈妈的样子惊呼一番：“啊，噢！你可真棒！”慢慢地，我又学会了很多新的词语：“我发现了！它就在那里！”“嘿，是一颗流星！”“大熊星座！”……当我又一次看到了流星的时候，我对身旁的爸爸说：“我要当星星家（starer）。”这当然是我自己创造出来的词，尽管这个词是真实存在的，有着完全与星星无关的意思，但爸爸还是听出了我的想法：“你想当天文学家（astronomer）对不对？”

那是我第一次借由“天文学”找到了自己的乐趣，还有梦想。此后的日子里，逐渐长大的我陆续接触到了众多的天文学家和他们的著作。对我影响最深的有法国现代天文学家弗拉马里翁（Nicolas Camille Flammarion），他的著述《大众天文学》出版之后传遍全球、轰动一时，曾译成许多文字在国外出版，原书也一再重印；居住在巴黎天文台的天文学家巴耳代（Fernand Baldet），他补充重写了弗拉马里翁关于彗星和流星的第五篇；还有马赛天文台台长费伦巴赫（Charles

Fehrenbach），他在恒星天文学上也有很大的建树……他们都是我想要成为的人。

现在我已经长大了，虽然并没有成为专业的天文学家，但我当初的愿望已经实现了大半：我了解天文，我喜欢天文，比起那些说不出来黄道十二宫到底有什么的同龄人，我觉得自己有一种可以偷笑的优越感。

送给你们一个更壮丽的宇宙世界

也许你觉得我刚才花费了大量的篇幅来讲述自己是如何爱上天文学的故事有些多余了，但你必须清楚，有很多孩子之所以变成了对天文学一窍不通的人，正是因为他没有去过那样的楼顶，没有使用过投币的天文望远镜，没有在夜晚通过天文望远镜观察星星，没有一架专属于自己的天文望远镜，更没有一个如此耐心引导、支持自己的孩子去对天文学进行深入学习的启蒙老师。

现在，为了把天文给我带来的乐趣和优越感传递给你们，为了让那些暂时没有条件接触到天文望远镜的孩子能够领会到天文的奥秘和神奇，我要为大家做一次“天文观察员”，用我自己的所见所闻去向你们描绘出一幅地球之外的壮丽风景。

当我准备落笔的时候，我设想了好几种叙述结构，根据人类对宇宙了解过程的

编年体呢，还是根据科技所能研究到的程度来循序渐进地讲述，还是根据青少年对于天文学中各种问题的兴趣程序按主次排序？绞尽脑汁之后，我一拍脑门：“哪有这么复杂？本来天文学就已经是人们心中极为复杂难懂的事情了，我就更不应该‘增加’它的难度了。”

所以让我们从一个孩子的视角出发，从最简单、最直接的地方下笔：每天都能见到的太阳、每晚都能见到的月亮、我们身处的太阳系、我们终将会走出的银河系、我们终将能够加深了解的河外星系、我们终将会遇到的外星智慧生物。这就如同是在地球旅游一样，住在小镇郊区的你得先坐车到达市区，然后坐上长途汽车去另外一个更大的城市，然后再坐上火车去邻近的其他州，最后坐上飞机跨越国界线、去另一个国度、去见与我们完全不同的人和世界。在星系间、宇宙里漫游，也是同样的道理和路线。

如果你抬头望向夜空时，只能看见明亮的星星，却不曾想过它为什么明亮；如果你面对灼眼的阳光戴上太阳镜时，只是为了躲避它的刺眼，却不曾想过它为什么刺眼；如果你看着有时圆有时弯的月亮时，习惯了它的变化，却不曾想过它为什么如此有规律地善变……这种“如果”越多，说明你的思想越僵化、眼界越窄，当你们这个年纪的孩子开始对未知事物不抱有好奇心之时，就与那些闭着眼睛度日的垂死老人无异了。若是你想要让自己的思想活跃起来、让眼界宽泛起来，这本书绝对可以满足你对天上的未知事物的好奇，让你能够像一个年轻人一样地活着，充满激情和梦想。

我写这本书，并不是让每一个读者都成为天文爱好者、天文学家，而是希望你们能够借由这本书中或深或浅的知识去了解一些人生道理：对未知保持兴趣，别白白浪费了自己的智慧和力量；从眼前景物一直望到视线不及处仍不放弃，追求梦想从不适可而止；把想法落实，哪怕只是天马行空、哪怕别人都觉得可笑，也要亲自验证一番；不要把全部时间都用来盯住自己脚下的路，多花点时间去抬头看看天空，让思想漫游到那些双脚无法踏入的地方。

今天，我把壮丽的宇宙世界呈现给了你；明天，也许你能够让自己的人生如浩瀚的宇宙般壮丽。

ONT NTS | 目录

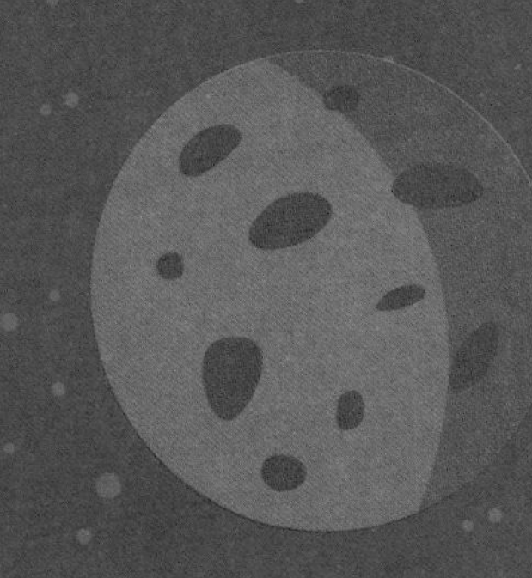

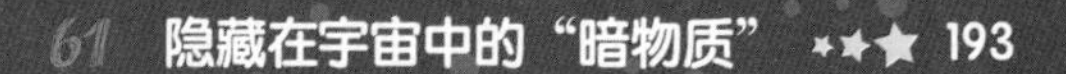

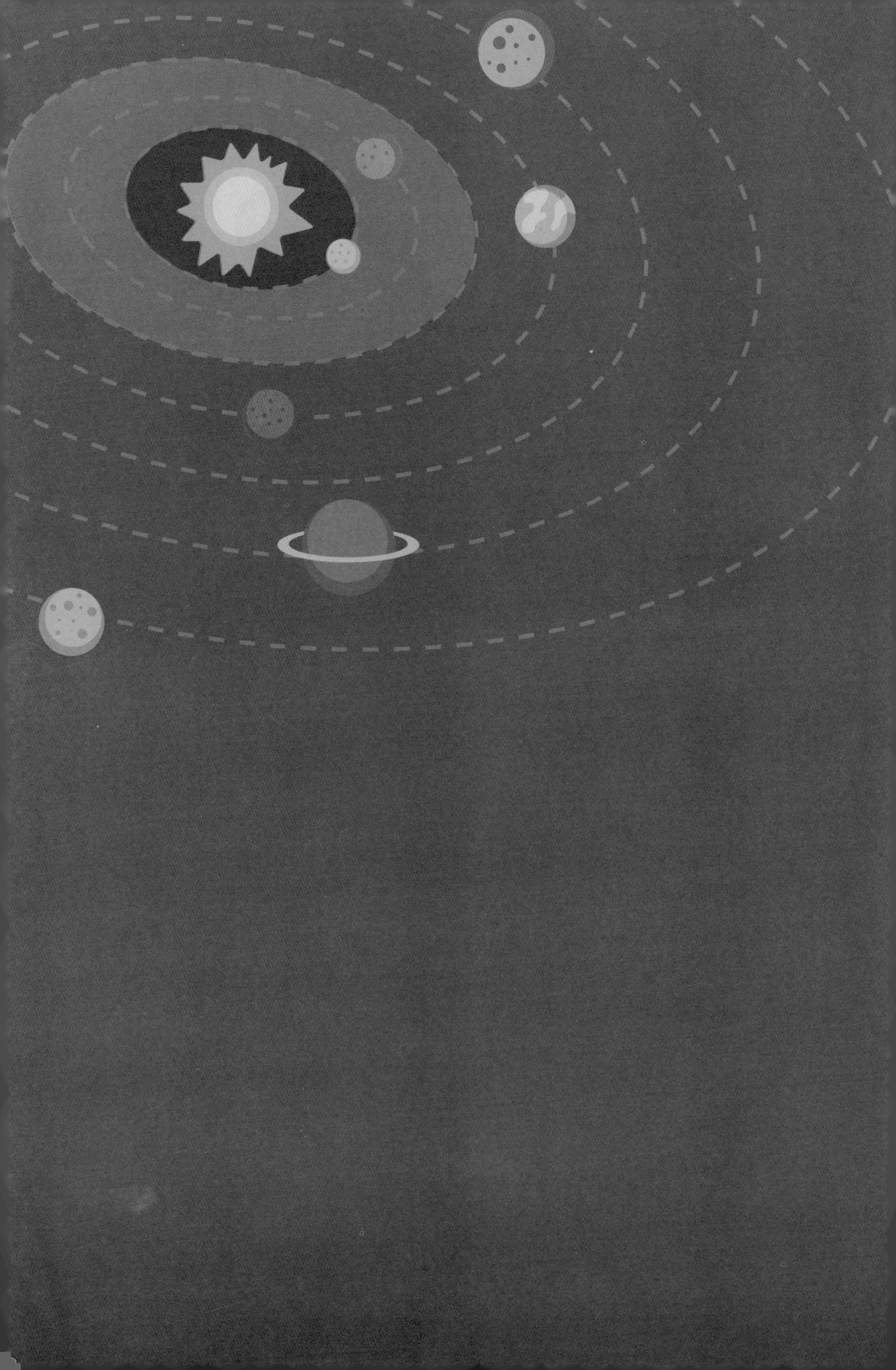

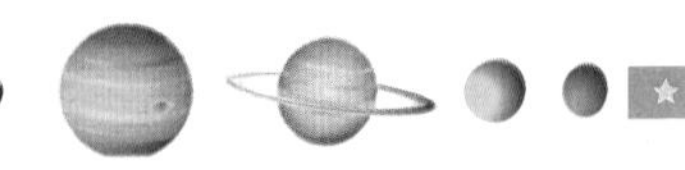

1 会发光发热的太阳

假如没有太阳，世界就会变成一片黑暗，还会快速陷入永恒的寒冷。从这里我们可以明确知道，太阳对于我们太重要了，因为它是我们生存的必然条件，也是光和热的重要来源。

在晴朗的晚上，地面会将白天从太阳吸收来的热量原散发回空中，温度就降下来了。如果没有白天的输入，热量就会逐渐地消失。这样，我们开始觉得有点冷了，这仅仅只是开始，我们再也等不到黎明，气温还在继续下降，就如生活在两极一样寒冷。

太 阳

没有了阳光，光合作用就会停止，植物也不能生长了，持续降低的温度很快就会把所有的生物冻死，所有的大洋都将变成一个大冰坨子。当温度继续下降，大气就开始液化，我们生存的地球会变成银白色的死寂星球。这样说明，我们就能很快地理解太阳的重要性了，别沮丧，让思维回到现实中，好好看看带给我们温暖的太阳的奥秘吧！

为了解开这个难题，我们必须要知道太阳辐射的能量是怎么来的。直觉告诉我们，是由太阳内部的光球来的。会不会还有新的能量源源不断地到达光球，来维持不断的辐射呢？这种内在的供给来源到底是什么？是什么能使太阳一天一天照耀，而且一直这样照耀下去？

能量从来都不会是无中生有的，这是能量不灭的定律。能量可以从这种形态转化到另一种形态，如果太阳无法不断地从外面接收能量，它的储藏总会有耗尽的那一天，然而，宇宙间能量的总量是不能增加的。但是，太阳如此一百年又一百年地照耀下去，光耀依然，没有逐渐暗淡下去，这是为什么呢，很好奇吧？

在一百多年前，德国生物物理学家亥姆霍兹（Helmholtz），独创了太阳热的收缩学说，这个学说靠不靠谱，没人考证，反正以后的科学家都当真了。他的收缩学是这样说的：如果太阳半径每年收缩 43 米，就足够产生一年中由辐射而失去的热量。如果按照亥姆霍兹说的，以前的太阳是稀薄而且巨大的，为了产生热量而不停收缩才形成了我们现在所测量到的大小，太阳最终将会紧密得不能收缩，也不能很好地适应因辐射而带来的热量的损失。按照这样的学说，几百万年以后，收缩到极限的太阳因为无法产生热量，它将会冷得不能再维持地球上的生命，想想多么可怕啊！

亥姆霍兹的收缩学说可不好玩，如果一切如他推断的话，生物世界的末日仿佛近在咫尺。但是不要因此而担忧绝望，小朋友，希望总是会在真相面前放出它应有的光彩。20 世纪初，终于有人对收缩说进行了强烈的反驳。论证是这样的：如果太阳的体积收缩成现在这样的发光率，得到充分的热量只要两千万年多一点，依照这样的比率，照得比这时期要长得多，这样的辩证使得收缩说不能严谨地解释太阳在过去怎样维持辐射。

进入 20 世纪初，随着核物理学以及相对论的快速发展，科学家终于认识到恒星的能源竟然来自于核能的释放。光谱观测的结果显示，原来恒星

内部氢的含量相当丰富，氢还是很好的产能原料，当氢在高压、高温下聚变成氦时，会释放巨大的核能，这样巨大的核能足以维持太阳向外辐射达数十亿年之久。这样的结果是不是让我们都松了一口气？

著名的哈佛天文学教授亚瑟·斯坦利·爱丁顿爵士（A. Eddington）在1926年出版了《恒星内部结构》，这本书对说明恒星物理特性以及内部情况做出了卓越贡献。他认为，太阳是通过重力把物质聚集在一起并拉向中心，由于太阳内部的高温气体产生的压力与重力方向相反并将物体向外推出。这两个力互相平衡，如果达到这个平衡点，根据热力学原理和经典力学原理，我们就可以算出恒星的中心温度将达到4000万℃左右。在这样的温度下，氢核自然会发生聚变，为恒星和太阳提供强大的辐射能量。

其实，科学是要经过辩证的，爱丁顿的想法就遭到了物理学家们的竭力反对。物理学家们认为温度要达到几万亿摄氏度才行，而4000万℃太低了，不能克服原子核之间强大的电磁力而产生氢核聚变。辩证的人又来了，来自乌兰克的核物理学家和宇宙学家乔治·伽莫夫（G. Gamow）在工作中证明了物理学家们的猜测是错误的。所以，科学仅仅靠猜测是不靠谱的，一定要有严谨的论证。

伽莫夫是这样认为的，即使镭核内的粒子受到核力的约束，按照现代量子理论，这样说有点枯燥，它们即有可能分裂出α粒子来，虽然发生这种过程的概率极小。也可以这样比喻，镭核中的粒子被核力束缚了，就像我们建的堡垒从外界将敌人包围住一样，粒子的能量不能越过这座堡垒偷跑到外边去。这样说又太绝对了，量子力学专家出来说话了，他们认为核内的粒子可以不从堡垒的上面越过去，却可以在堡垒的一条隧道中通过。这种穿行有个动听的名字“量子隧穿”。伽莫夫还指出，假设粒子能够从里面穿过堡垒，粒子也可以从外部进入原子核内。

来自德国的核物理学家弗里茨·豪特曼斯（F. Houtermans）和来自英国的天文学家罗伯特·阿特金森（R. Atkinson）合作发表了一篇题为《关

于恒星内部元素结构的可能性问题》的文章。他们是这样认为的：恒星内部的质子和质子链通过“隧道”越过势垒很高的堡垒，接近到可以发生聚变的距离之内，进行轻核聚变而释放出巨大的能量。于是，他们成功地解决了低温度下使氢聚变为氦来实现太阳能量的需求。他们把这种反应称为“热核反应”，因为这种反应是在数千万摄氏度下进行的，所以这样称呼。

小朋友，经过很多科学家严谨的论证，我们终于知道了太阳是如何发光发热的，也不用担心太阳会离我们而去，是不是很有趣啊！

2 太阳长出了“雀斑”

小孩子长到六七岁，鼻翼两边或者脸蛋上会长出不规则的褐色斑块，医学上俗称雀斑，那些可爱的小雀斑会陪伴孩子一起长大。人的脸上长雀斑不稀奇，但太阳也有雀斑，这就稀罕了吧！

如果我们用望远镜观测太阳，就能看到太阳的表面有一些黑色的斑点，这就是太阳的“雀斑”——科学家称为太阳黑子。这些“雀斑”长在了太阳的脸上，自然就会跟着太阳自转。我们利用这些“雀斑”很容易定出它的自转周期——在中央出现的太阳“雀斑”6天以后就会移到西部边上消失不见；两周以后，如果“雀斑”还在，它就会在东面边上出现。

太阳雀斑和人脸上的雀斑一样，有大有小。如果用最好的望远镜才看得见的微点，就是小的太阳雀斑。没有望远镜的孩子们也可以用黑的玻璃，透过黑玻璃观测到的大块也是太阳的“雀斑”，不过就是大的出奇。太阳“雀斑”也有集体意识哦，它们喜欢成群出现，表示团结友爱，这样我们用肉眼就可以看见它们了。

其实，单个的太阳雀斑可比人脸上的大多了，有的直径达8万千米，如果是人，可以在这个雀斑上打滚翻跟头外加跑马了。太阳最大的一群雀斑能遮住太阳表面圆盘的1/6，恐怖吧！领头的大哥大雀斑不但体积大，

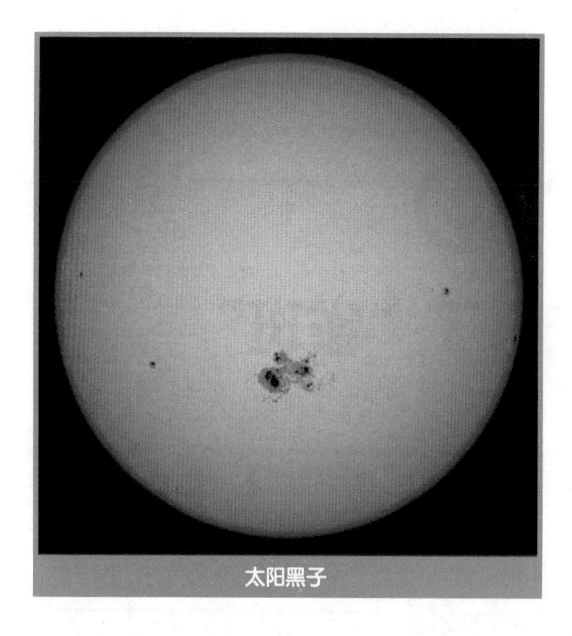
太阳黑子

寿命也长，别的都消失了以后，大哥大还存在，这样大哥大就落单了，孤苦伶仃地随太阳自转。

一群太阳“雀斑”经过不断成长，最后也能华丽丽地转身成为“雀斑”中的又一大哥大。

为了便于讲述太阳的“雀斑”故事，我还是引用科学家的太阳“黑子”称呼。在黑子中央还有一团更暗的部分叫作“本影（umbra）”，边上较亮的部分叫作“半影（penumbra）”。太阳黑子不是一成不变的，它们会逐渐分散，其中的一些黑子会分裂成很不规则的碎片。太阳黑子的频数周期约为11年一次，有一定规律的。有些特殊的年份，太阳上面有很少的“雀斑”，甚至没有讨厌的“雀斑”成了光洁美人，比如1912年、1923年。没有太阳黑子的年份，第二年出现的黑子数目就会增多；一年比一年多，5年后达到顶峰，之后又一年一年逐渐减少，太阳脸上的雀斑就是这样不知疲倦地反复循环着。

而且，太阳黑子不是全部散布在太阳的表面上，而是在太阳纬度上的某些部分才有，这真是一条有意思的规律。在太阳的赤道上也不容易见到这些可爱的雀斑。沿着赤道向南或向北就逐渐多了起来，南、北纬15度到20度是黑子出现最多的地方，再远又开始逐渐减少，30度以上几乎没有了。这个分布图是不是和孩子们脸上的雀斑分布图相同呢？沿着鼻子两翼排列开去，越过脸颊就不见了。我们也可以把脸上长雀斑的孩子称为太阳的孩

子，只有他们和太阳经历这么相似，这么亲密无间。

其实啊，黑子的出现是有意义的，它们可不是出来玩玩的，黑子来了表示太阳上起了很大的风暴。就像我们地球上刮起了飓风——但太阳上的风暴比飓风大了许多倍。

飓风刮起炽热的气体在太阳旋涡中向上飞腾，抵达比内部压力小得多的光球之后，这些气体就喷发出来迅速冲出了表面。这样迅速膨胀的结果就使得周围的温度稍微降低了一点，减弱了这一区域的光辉——这就是太阳黑子的形成，也是地面源源不断接收光热的源泉。这样说，它们一黑一白就是可爱调皮的孩子了，不停地折腾出光和热散布在我们的地球之上。

太阳黑子与地上的包括飓风在内的所有旋涡由于地球的自转，在南半球是顺时针旋转，在北半球逆时针方向旋转。在太阳赤道南的太阳黑子与赤道北的太阳黑子的旋转方向刚好相反。

太阳上风暴的运动可比地球上风暴运动复杂多了，因为领头的大哥大黑子带着它的小弟们朝相反的旋转方向，更后出生的大哥大黑子一心想摆脱这种旋向的影响，因此它的旋转方向更为复杂难测。

太阳黑子的漩涡中心压力较低，吸引了附近的气体，在下降时也还是旋转着的。这样看起来就是完整的运动体。

我们知道了太阳的“雀斑”就是太阳飓风引起的温度变化，心里有什么想法呢？现在的科学家已经发明了很多仪器还有卫星用来对太阳进行多角度、全方位的研究，其中就包括研究观察黑子周期现象，并已经获得了出色的成果。有了卫星这个助手，我们就可以准确地预报太阳黑子和耀斑的爆发，避免磁暴对电子设备的损害。

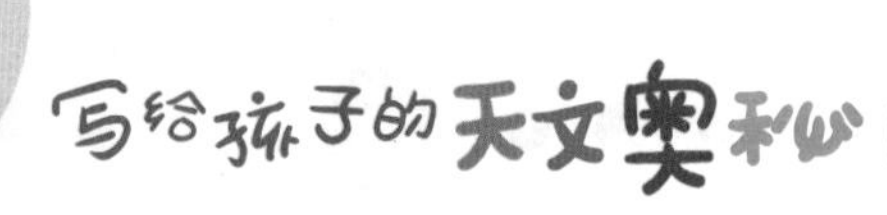

3

曾经失踪了的太阳中微子

在太阳中有个调皮的孩子，它会玩失踪，一转眼就不见了，消失得无影无踪，无处寻觅。科学家面对这个捣蛋鬼无能为力，直到进入二十世纪，才寻觅到它跑到了哪里。原来，它华丽地变身了，求知欲强的孩子们，跟着我开启探秘之旅吧！

美国物理学家莱尼斯，1956年在萨瓦纳河工厂的反应堆第一次探测到中微子。实验反应堆产生强大的中子流并伴有大量的β衰变，同时放射出反中微子和电子，反中微子又轰击水中的质子，产生正电子和中子，当正电子和中子进入到探测器中的靶液时，正电子与负电子湮灭，中子被吸收，并产生高能γ射线，这样就判定了反应的产生。虽然反中微子通量高达每秒每平方厘米5×10^{13}个，那时的探测记数每小时还不到3个。这个实验中得知中微子的探测部分主要以反中微子袭击质子，产生了强烈的反弹。产生正电子和中子的方式被探测到实际上只有电子反中微子，其他的还没有被发现。

当时的理论中，科学家认为中微子是一种没有质量的粒子。下面的论述有点枯燥乏味，还是慢慢适应吧，科学探索不会很幽默的。继续话题，同时期科学家还发现了三种中微子，分别是μ子中微子、τ子中微子和

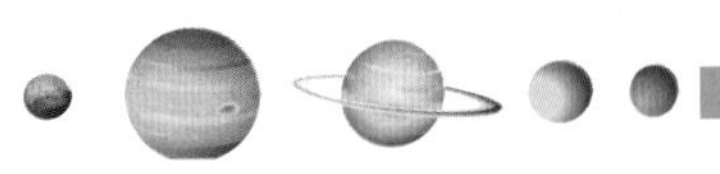

电子中微子。中微子只参与弱相互作用，τ 子中微子只参与有 τ 子参与的弱相互作用，μ 子中微子只参与有 μ 子参与的弱相互作用，电子中微子只参与有电子参与的弱相互作用。因为弱相互作用极其弱，中微子与物质的反应截面也很小，探测起来难度非常大。由于中微子反应截面小，又没有质量，还没有任何一种机器能让中微子从太阳到地球在空间的传播过程中消失掉。20 世纪 70 年代科学家就开始测量抵达地球的中微子了，这个测量结果不尽如人意，好像来自太阳的大量中微子“失踪”了。这就是人们谈论的“太阳中微子失踪之谜”，这也意味着当时的中微子理论在太阳活动理论中至少有一个存在问题。

为了解开这个谜团，1999 年，来自美国、加拿大、英国的科学家在加拿大萨德伯里附近一座镍矿中建成了萨德伯里中微子观测站。这座位于地下 6800 英尺的观测设备有 10 层楼高，内置了一个直径 12 米，内有 1000 吨重水，还安装了 1 万多个传感器的庞大球形容器。

观测终于有了突破，2001 年，萨德伯里中微子观测站的科学家向世界宣布，他们找到了“太阳中微子失踪之谜”的原因，这一发现引起科学界的轰动。不要高兴得太早，奇迹不会这么快就降临的，说白了，那时的重大发现只是他们偷懒，把现在观测到的数据与其他观测站以前的数据相比较之后得出的结论，这样相互比较是不严谨的。随后科学家对他们的观测数据又进行了深入分析，终于找到了直接观测中微子的方法：我们可以把这个方法形象化，可以把中微子当成一条小鱼游进装有重水的容器后，碰到重水的原子核，也就是另一条比较大一点的鱼后会被弹开；然后这条鱼不甘心继续前行，碰到另一个重水的原子核，也就是另一条鱼后产生了感情，并与之发生反应，变成氚的原子核，可以称之为同体鱼，它们结合后同时释放出一些 γ 射线，科学家只需要通过测量 γ 射线的数量，就能知道有多少中微子存在了，因为所有的中微子都会引起这样的反应。

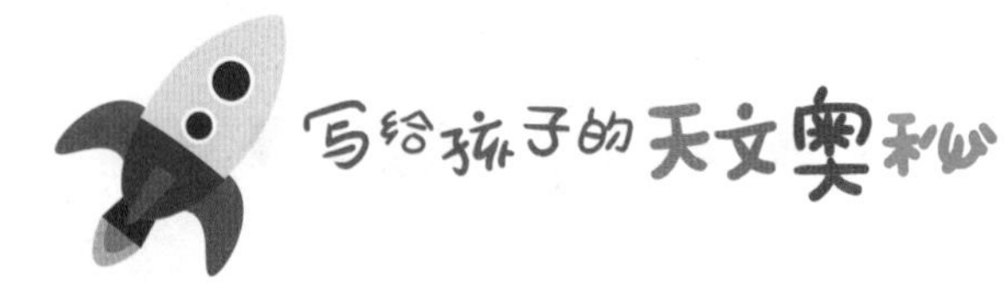

奇迹又一次眷顾了勇于探索的人，2002 年来自日本和美国的科学家开展了反应堆中微子探测，并于 2 月 6 日在各自国家、在相约定的时间宣布，发现了核反应堆中微子产生的电子反中微子消失的现象，终于揭开了“太阳中微子丢失”的秘密，人类对宇宙的探索向前又迈了一大步。

结果就是这样简单，对于只能探测电子中微子的实验设备来说，中微子确实好像消失了一样，只不过它们在这个过程中互相调皮地互换了而已。

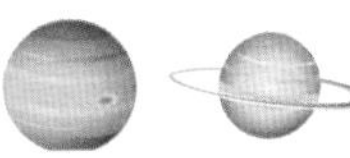

4

“刮风”的太阳

我们生活在地球上，每天总能感受到来自各个方向的风：有微风徐徐吹来的时候，我们就会感觉特别舒服，尤其是在闷热的中午，太阳光直射的时候；还有中级的风，让人身体不那么舒服，要穿厚点来抵挡风的威力；飓风和龙卷风来了，那就完蛋了，赶快躲在安全的地方等它们过去吧。我们享受了地球上的各种风，再去体验一下太阳上的风吧！什么？你说太阳怎么刮风？小儿科了吧，太阳上一直在刮风，有时候还刮到地球上呢。

太阳最外面的那层叫日冕，日冕上有一小部分看不见的被称作“粒子”的东西，它们可是捣蛋鬼，不断地想挣脱太阳引力的束缚，到外面的世界称王称霸，它们就这样努力地奔向四面八方，形成了太阳风。好玩吧，没有挣扎和反抗就没有动力，也就没有了太阳风。

太阳风不是由气体的分子组成的，而是由更简单的比原子还小一个层次的基本粒子——电子和质子等组成。和地球上的风截然不同，它们流动时所产生的效应与空气流动基本相同。太阳风刮起来远远胜过地球上的风，异常猛烈，估计小朋友到了太阳风里，还没站稳就刮不见了。太阳风还会刮到地球上，地球上美丽的极光就是它们制造的，看来，它们很有艺术细胞哦。它们制造极光不算什么，一用力一高兴还能刮到八大行星之外呢！

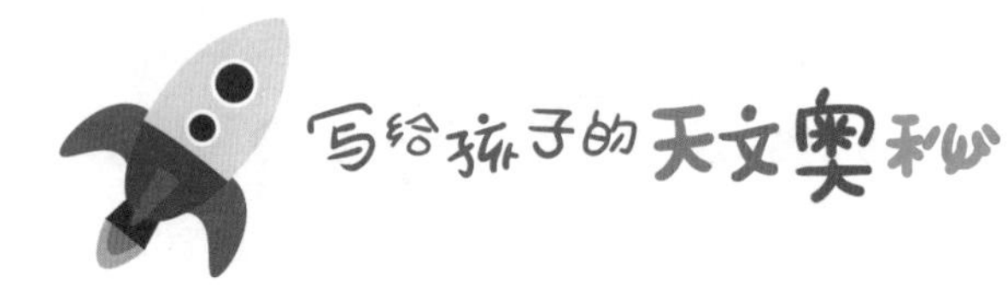

人们总爱说彗星拖着长长的尾巴来了，大家也留意了，这个长尾巴始终背向太阳的方向，有人猜想这应该是从太阳“吹”出来的某种物质造成的。人造卫星上的粒子探测器在 1958 年探测到了太阳微粒流射出，美国物理学家帕克根据这一探测给它命名为“太阳风”。

太阳风的形成和太阳大气最外层的日冕有直接的关系，日冕向空间不断抛射物质粒子流，这种微粒流再从日冕的冕洞中喷射出来，形成了强劲的风。

经过科学观察，我们发现太阳风的主要成分是电子、质子和氦原子核，其中氦核约占 8%，质子约占 91%，另外还含有微量的铁元素、电离氧等元素。它们的密度不是固定的，随时发生变化。

太阳风也不都是强劲的，有一种“宁静太阳风”，号称太阳风中的淑女，婉约迷人。它是粒子持续不断地被辐射出来。因为是辐射，有些许不情愿的意思，速度也就慢慢腾腾的。当这样的太阳风刮到地球附近时，因为粒子含量比较少，每立方厘米含质子数不超过 10 个，所以它的平均速度只能达到 450 千米 / 秒。

另一种太阳风可不好惹了，名字叫“扰动太阳风”，一看名字就知道它不会安静地待在一个地方。“扰动太阳风”是在太阳活动剧烈时辐射出来的，速度比较猛烈。因为粒子含量比较多，每立方厘米含质子数约为几十个，当它们刮到地球附近时，速度可达 2000 千米 / 秒。这样的太阳风对地球的影响很大，当它火速抵达地球时，往往引起强烈的极光与很大的磁暴。

来自日冕的离子和由微粒携带的磁场是太阳风中包含的主要微粒。太阳的自转周期大约为 27 天，磁场也会紧随着太阳风缠绕成螺旋线，不旋转不行啊，一切目标向老大看齐，宇宙中的磁场也不能例外。

太阳风吹入星际物质（由银河系渗入的氢和氦）的空间中造成的气泡就是我们看到的太阳圈。虽然中性原子也可以渗入这个气泡，太阳圈中主要的物质都是来自太阳本身的，但来自星际空间的中性原子不是主要的物质。

太阳风和星际空间风决定了太阳圈的外围结构，太阳风刹不住车从太阳的表面向四面疯狂蔓延。假如能在远离太阳的某个距离设个点，这个距离会超越过海王星的轨道。它们在地球附近的速度就像超级猎豹一样，大约是每秒数百千米（时速大约是 100 万英里），这股超音速的气流还会减速并遭遇到星际介质。

在太阳系内，还有亚音速存在，它是太阳风以超音速的速度向外传送的过程中产生终端激波时出现的。这是一种停滞的激波，这时太阳风的速度就会降低至音速（大约 340 米 / 秒）之下。

低至亚音速时，周围星际介质的流体会影响到太阳风，就会形成像彗星的尾巴一样的流星，这是压力导致太阳风在太阳后方形成的，称为日鞘(heliosheath)。这样我们就可以清楚地知道了彗星为什么会背向太阳拖着长长的尾巴，呼啸而过了。

5 比太阳还热的日冕

大家都知道太阳是极热的，它悬在 1.4 亿多千米外的空中我们仍然能感受到炎炎烈日的威力。作为辐射直接来源的太阳已有 3316℃以上的高温了。

现在我们谈谈日冕，从红色的色球也就是我们俗称的太阳里喷发出同样红的火焰叫作日珥，包围外部一圈的是日冕。

日冕在日全食的时候可以直接观测到，那时太阳被月亮掩盖，日冕便是它周围明亮的、像神像顶上的圆光。看到这种美丽又神秘的现象，很多人都忍不住赞美甚至勾起极大的兴趣想致力于研究这一神秘现象。可惜，我们见它一面很难。日冕的外面部分带有天穹的蓝色，这样它就比太阳本身更白。因为日冕外围的稀薄物质是透明的，才形成这样的奇观。日冕的形状不是一成不变的，它时刻在变化中。

日冕是由小颗粒的尘埃漫射日冕的光线所形成的。这些尘埃形状似透镜，组成没有结构的云，太阳赤道附近的平面上是其最长的部分。在距离太阳稍远的地方，尘埃的密度便迅速地稀薄，这可能是由于太阳的引力使它们密集在下层。

当太阳落下以后，我们可以清楚地看到，沿着黄道有一条明亮的带子从地平线上日落之处直达到至少高出地面 90° 的天空，这就是黄道光，也是日

日冕

冕伸长最远的部分。按照现在流行的看法，黄道光是由集中在黄道附近又散布在整个太阳系里异常稀薄的尘埃所构成的，这些尘埃超出地球的轨道之外。

还有些观测者认为黄道光是由于太阳所发射的电子云漫射日光而成的，所以黄道光不是由F日冕而来，而是由K日冕而来的。其实这两种理论不是彼此排斥的，尘埃和电子互相合作形成日冕，也能形成黄道光。日冕光只在全食，离开日轮两三度（经纬度）远的地方才被人适当地研究过，至于黄道光，却已达到离日轮30° 远的地方。

有些科学家为了研究日冕便创造了“氪”这个名词，用来代表发射日冕特殊谱线的假想元素。希望借助氦的发现历史，让氪这个元素在地球上被人发现。1941年，瑞典物理学家埃德伦（B.Edlen）解决了这个难题。德国天文学家格罗特里安（Grotrian）给了他很好的建议，格罗特里安认为日冕谱线是由于常见金属原子在“高度肢解”的情形下发出的，这个比喻有趣也很直观，易于人理解接受。原子在受了质点的碰撞之后或者吸收了光子，常会失掉它的一个电子。有时，另外一次不小心的“灾祸”可以再剥夺掉另外一个或者几个电子。就这样发出日冕谱线的原子，不断地失掉它们的电子，最

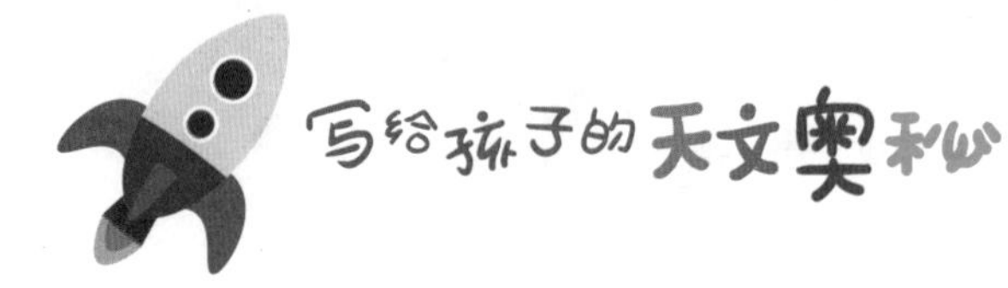

多能有10～15个之多！日冕的绿色谱线是由13次电离的铁原子组成，还有一条在红色区的强谱线是来自9次电离的铁原子。这样“残废”了的原子只能存在压力相当小、温度很高的环境里，电离了的原子才不能捕获到它所失掉的电子。根据高度电离而来的日冕谱线的强度，可以证明内层日冕的温度大约是70万℃的数量级。日冕的密度低于实验室所能造成的最好的“真空”，实际上，我们可以用五个以上独立的论证说明日冕的温度约达100万℃。

这样就可以证明，太阳大气的温度从光球顶上的4500℃升到低层日冕的100万℃是完全正确的。我们曾经在色球层里找到这种温度极高的迹象。正是由于太阳大气的高温，它不像行星上的冷大气只有薄薄的一层，只有它才能达到特别远的距离。高温度也保证了日冕气体有足够的压力，即使压力很稀薄，也不会因引力而发生一丁点破坏。说白了，日冕最大的秘密便是它100万℃的高温来源。

有许多人提出假设，有人以为热量来自下面：在光球深层的湍流区域里有可能存在声波，因为声波不能在稀薄的日冕气里传播，声波在湍流区被吸收且变形为热，使气体的温度增高。这样日冕就是被光球里的“音乐”弄热起来的，天天被音乐搅腾，不热也不行啊。别的理论家可不认同声波理论，他们提出了超声波，还有人提出磁性流体动力波去解释这个现象。不管怎么假设，剑桥大学的一派物理学家并不买账，他们有另外一种看法：太阳在空间的行程里，因引力而搜集星际的尘埃，这些尘埃因为受太阳的引力增加速度，但在太阳大气里却受到阻止，这样这层大气增加了热量。在这种情况下，他们论证了日冕的高温是由星际物质的摩擦而来的。

因为不能亲自到太阳上做实验，光按照自己的思维模式推测，不能说服别人和体现科学的严谨性，所以最合理的结论并没有解决，日冕的温度依然高于太阳，日冕的存在依然是一个谜，这些对于我们来说还是一个难题。孩子们，这个难题可以留给你们去研究发现，因为科学是要一代一代传承的，有很多科学家已经为你们铺好了路。

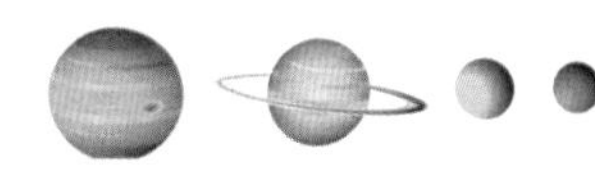

6

太阳不会从西方升起吗？

我们经常听人打赌说，要想让我怎么怎么了，除非太阳从西面出来。那么问题来了，我们习惯看到太阳从东方出来，从西方落下。在什么情况下我们可以看到太阳从西方升起，或者有可能从西方升起吗？

如果通过精确、细致的观测我们可以发现，太阳跟地球一样也以通过其中心的一根轴为中心自西向东旋转。同地球的情形一样，我们把在两极中间的那个最大的圈叫作太阳的“赤道”，把转轴与表面相交的两点叫作太阳的两“极”。太阳赤道的长度是地球赤道的110倍，自转周期是25.4天，太阳赤道的自转速度约为每秒2千米，是地球的4倍以上。这种自转的有趣之处是离赤道愈远的地方自转周期也愈长。假如太阳也同地球一样是固体，它的各部分的自转速度就要一致的，在太阳的南北极附近，自转周期约为36天。

因为太阳赤道与地球轨道平面的夹角是7°，它的方向在我们看来，圆面中心约在太阳赤道南边约7°，春天它的北极背离我们7°，夏天、秋天就与此相反7°。

如果选择一条更长的基线，能更好地观测更远的恒星方向的变动，结果会发现一个问题：地球是否会把我们带到环绕太阳以外的某一地方去呢？

早在三百多年以前，伟大的天文学家就已经得到结论，认为恒星并不固定其实是在空间中运动着的。这种事实最后在 1718 年由哈雷揭穿，这位以其发现并命名的彗星为我们熟知的著名天文学家观测到了一种情形，有几颗亮星在从托勒密（Ptolemy）制恒星表以来的 1500 年内确曾移动了位置，移动量约与月亮的直径相仿。既然恒星是运动着的，而太阳又是恒星之一，那么太阳也一定是和其周围恒星一样处于运动之中了。

1783 年，来自德国的天文学家威廉·赫歇耳（F.W.Herschel）第一个测定太阳运动的方向。他推论如果太阳（当然全行星系统也在内）在空间中沿着直线运行，那么恒星在我们看来仿佛向相反的方向移动。恒星的这种“视差动（parallactic motion）”是和它们的“本动（peculiar motion）”相混的。总的来说，在我们前面的星一定要从我们运动方向那一点向四面散开，在我们后面的星又一定要向天上反对的一点聚拢。赫歇耳将“太阳向点（solar apex）”置于离天琴座中的织女一不远的武仙座中，以后的研究也把这一点放在那附近。

恒星的这种视向后运动只告诉我们太阳向哪一方向运动，没有告诉我们它运动的速率，这还要等分光仪出来答复。按照多普勒（Doppler）发表而后经斐索（Fizzeau）特别补正的原理，光谱线已经告诉我们恒星如何在视线中运动的了。恒星光谱是一道彩带，上面通常有暗线亘于其中。如果恒星向后退去，光谱线便向红色一端移动；反之如果靠近，其光谱线便向紫色一端移动。移动的多少随其运动速率而增加。

在我们看来，太阳系运动方向的那一区天空上的星都一致要以最大速度靠近，另一相反方向的星仿佛要以最大速度离开我们一样。根据天文学家研究全天恒星光谱 30 年得到的结果，我们得到了关于太阳运动及测定其运动速度的更进一步的知识：太阳系是向天上十分接近武仙座 0 星的一点运动，其速率是每秒 19.8 千米。我们生存的地球便是在螺旋线中运动，一方面环绕太阳，一方面分担太阳的前进运动。我们的地球载着我们运动多

忙碌啊！

地球在追随太阳的运动中，带着我们经过轨道两倍的距离。这样我们看到的所有的恒星向后移动的量都比它们由地球绕太阳而生的移动的量多1倍，一个世纪中便大了200倍。视差移动由恒星距离而定，由其总量可得到这距离的大小。猛一看这由太阳向武仙座运动而生的基线，似乎可满足我们测量恒星距离的要求了。不幸的是，我们平常并不能确定我们观测到的移动的量有多少属于视差移动，又有多少属于恒星本身的移动，目前还不能利用这方法成功量度恒星的距离。这种方法也不适用于单个的星。

经过这么多讲解，我们可以知道太阳系中的八大行星的自转方向大部分都是自西向东，唯独金星的自转方向是自东向西，所以我们只要在金星上看太阳就是从西边升起的，而在其他七颗行星上看太阳都是从东边升起的。

现实生活中，我们说太阳从西边升起来了，一般指事情不可能发生。而在某些特定的条件下，在地球上有没有可能看到太阳从西方升起来呢？

有一种可能，如果飞机相对于地面的速度等于地球自转的速度，太阳就会悬在空中不动。如果飞机以更大的速度向西运动，太阳就会西升东落，为了看到太阳从西边升起，时间必须是傍晚，而且飞机的速度要足够快。

如果站在南极圈内时，太阳就从北方升起，站在北极圈内时，太阳就从南方升起。另外一个不可能的，却是真实的，就是太阳光直射不能照亮地球的全部，地球自西向东缓慢旋转，永远是地球的东部先转出来，接受到光照，人站地球上会误以为“太阳从东边升起”。

7 太阳也会震荡

我们生活在地球，都知道地球脾气不太稳定，隔三岔五都要震一下，不是在高山上，就是在平原里，或者海洋里。地球发脾气可比常人厉害，它发起大火来，可是要人命的。地球发火了，就是我们常说的地震，小的地震就是大地晃动几下，再往回震几下，就结束了。大的地震就是房倒屋塌，有时候震得没完没了，给人们的生命、财产带来极大危害。

太阳也会发脾气震荡一下，你知道吗？太阳震荡的时候，科学家命名为日震。现在我们来研究一下，太阳震荡起来会有什么样的后果，它又会给我们带来什么不一样的感觉。

对太阳有研究的小朋友或许会知道太阳光球，它表层的脉动是太阳内部传播的声波反射到表面而产生的。太阳的声波很厉害，不仅能使光球表层局部区域的气体随之上下震动，还能深深地穿透太阳内部，这样就会引起整个太阳表面的震动，这就是声波造成的日震。

我们再来研究一下日震是如何发现的：

20 世纪 60 年代后期，美国的天文学家莱顿等人观测到太阳大气在不停地一胀一缩地脉动，这真是伟大的发现。这种脉动大约每隔 296±3s 震动一次，他们称作“太阳五分钟震荡”。大约有三分之二的太阳表面在做这

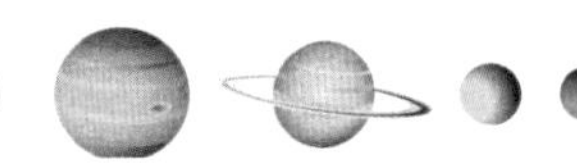

种震动，震荡的规模很大，震动的步调基本一致在103～5×104km范围内。如同浩瀚的大海，五分钟就出现巨浪波涛，上下错落25km。这时一些气流徐徐下降，一股气流则冉冉升起。后来他们还发现，太阳震动不仅仅有5分钟的周期，还有7分钟、160分钟以上的多种震荡周期，震荡引起的大气速度约为1千米/秒。也就是说，太阳上的日震比地球上的地震频繁，我们可以称呼太阳为火暴脾气的绅士，如果地球如太阳这般，我们可就不适合在上面生存了。

我们头顶的太空中有很多人造卫星在运动，可以通过它们来测量太阳微小的亮暗变化。经过探测，我们知道在太阳上有一种神秘的粒子，它可以轻松地从太阳核心穿出，告诉我们太阳的秘密，它叫中微子。我们在前面的章节里已经介绍过了，现在谈谈中微子在日震中起到了什么样的作用。

意大利物理学家庞蒂科夫（Bruno Pontecorvo）在1957年提出了中微子振荡的概念：假如中微子有质量，而且不同中微子存在混合的话，中微子就能在飞行过程中自发变成另一种，还能变回来，像波一样振荡。

在庞蒂科夫发现大气中微子振荡3年之后，来自加拿大萨德伯里实验室的科学家宣布找到了失踪的太阳中微子，进一步证实了太阳中微子振荡。

同期，中微子振荡在理论上也有了重大的突破。来自美国的物理学家沃芬斯坦观测到：电子中微子在物质中会受到电子的散射，将改变中微子的振荡效应。来自苏联的米赫耶夫和斯米尔诺夫将这个想法用于解释太阳中微子问题，科学家们才认识到，以前认为中微子在从太阳飞到地球的过程中发生振荡的看法是完全错误的，不成立的。原来能量比较高的中微子，在太阳内发生振荡，一旦飞出太阳后振荡就不存在了，这样振荡概率就可以超过一半。能量比较低的太阳中微子物质效应也相应小，在飞离太阳后还可以继续发生振荡。

科学家们并没停止实验。2002年，来自日本（KamLAND）的科学家用

反应堆中微子证实了太阳中微子振荡模式，中微子振荡得到了完全的证实。

由此可见，未来将会有更多的中微子秘密被揭开，对太阳震荡会有更多更新的发现与探索，未来的一二十年是关于太阳震荡解密的爆发年，如果你准备好了，也可以参与其中，科学探索属于每一位勇于献身的人！

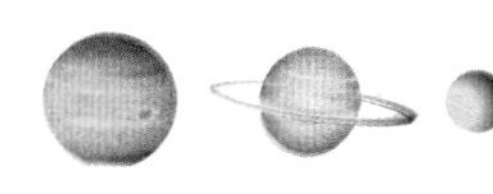

8 日食是怎么回事

盛夏，人们在地里劳作，刚开始还挥汗如雨，埋怨着太阳光太毒，把人晒死了。忽然就觉得不对劲了，怎么回事，天逐渐暗了下来，粗心的人以为是来了一块云遮住了，也不抬头看天。细心的人仰望一下太阳，咦，太阳被什么遮住了？赶快用双手交叉，透过指缝，竟然看到太阳正一点点被一个黑影蚕食掉，这就是要发生日食了。

在我们能看到的天空，没有比日全食更能引起人们的幻想和兴趣的了。没有任何现象能够比晴天的中午太阳逐渐消失更令人奇怪的了。

在人们还没研究这种现象之前，太阳大白天消失被人当作超自然现象，认为是神灵发怒的表现，他们为了不惹神灵发火，有的还要祭祀、祈福。自从科学家发现这是自然现象并计算得出和事实吻合的预测之后，就连没有受过教育的人也不会再感到恐怖，而是会坦然接受这一天象。即使这样，这个伟大的现象仍然让人浮想联翩。

每到了日食开始的时候，我们总会在明亮的口轮的西边沿上看见一丝黑影在继续发展，像乌贼喷墨一样侵蚀着，一直到日轮上只剩下蛾眉月似的一丝光辉还不罢休。地面上观望的人会感觉到，日光会跟着黑影的速度迅速往前跑，一种凄惨暗淡的微明代替了辉煌夺目的日光笼罩着大地，显

现一种阴暗的景象。一会儿，太阳就剩一丝光明的弧线。观望的人仍然希望太阳会战胜黑暗，照耀着地球的太阳不会从此消亡。刹那间，最后一线日光也消失了，只剩下一片黑暗（因为它来得突然，所以我们感觉到特别黑）笼罩着我们，我们一会儿就见识了黑夜的来临。整个自然处在惊愕和沉寂中……明亮的星星也出现在天空！

在全食前大家还在一边观察现象的发展，一边掩饰不住兴奋地诉说自己的观感，当星星出现，大家发出一声惊奇的叫喊之后，都沉默了，怅然若失，又有莫名的恐慌，好像被什么惊呆了。就连歌唱的雀鸟，也停止了歌唱，歪着头茫然地瞅着这个奇怪的世界；狗也躲藏到主人的腿下，藏着狗头，不敢吭声；母鸡早把雏鸡藏在翼下，不给它们胡乱跑；之前还哜哜嘈嘈的世界一下变得无声无息了。

黑夜就这样提前降临了，这种黑夜，有时会很黑，有时是不完全黑的，这样完全被巨大的黑影笼罩奇怪的反常的景象，让所有的动物惊慌。幸亏地球仍然被一点儿红光模糊地照耀着，这是从月球影锥之外太阳的高层大气而来的，这是很多人的希望之光。

在有些日全食发生时，有时能看到几颗明星和行星，黑暗笼罩多的时候，可以看见所有在地平线上的行星和 1 等星、2 等星。这时候气温迅速地降低，有时候有一种叫作日食风的风开始吹刮起来，是不是让人毛骨悚然。嘿嘿，别怕，这是自然天象，要学会享受这样的过程。

当所有的眼睛都望着天空的一点，期待在那里呈现出奇观，这是人人可以共享的盛况，只要你提前站到观测的地点！在日轮上飘荡着漆黑的月轮，外围镶着淡红色光的细丝，那是太阳的色球层（我们在前面的章节介绍过）。从这个色球层喷出高度可达 90 万千米的巨大火焰，这便是太阳的日珥（在前面的章节也介绍过）。在色球颜色圈的外边还有白色或者珍珠色的光环，延展出去达到几个太阳的直径那样远，这是日冕层。这样的奇观一个人短暂的一生能看到的次数是可数的。所以每次预报这种天象要出现时，

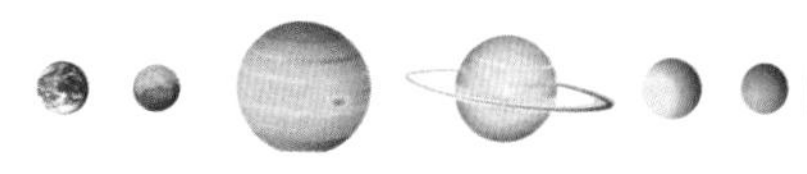

日 食

大家都奔走相告，提前做好观看的准备，不愿错过这样难得的观赏时机。

再说 1605 年的开普勒在那不勒斯、1708 年卡西尼在观测日食时都对日冕进行了描绘，他们那时候觉得这种光辉是地球大气所造成的，或者是月亮边沿对日光的漫射造成的。到了 1842 年，科学家才开始承认它是有可能属于太阳的，用望远镜不能欣赏这个无可比拟的景象，唯有肉眼才能看出它美丽的全貌，因为这个天象是属于全人类的，不需要借助任何高科技就能全方位看到。

可惜这个景象是很短暂的，转瞬间，在月亮的西边沿冒出一丝弯月式的光辉，而且迅速地扩大。日珥和日冕的神秘光辉也立刻消逝，自然界渐渐又恢复到开始的现状，日食结束了。

现在我们谈谈日食是怎么形成的：

如果月亮刚好在黄道（这个在前面章节介绍过）平面上运行，每次新月的时候，月亮都会在太阳面上经过。可是由于月亮的运行轨道是偏斜的（见月亮的章节），唯一的是太阳正接近黄白交点之一时才可能发生日食。

我们在地球适当的地方，就可看到日食的发生。

月亮从太阳面上经过能不能完全遮住太阳面呢？我们知道太阳的直径比月亮大约 400 倍，但它们的距离刚好远了约 400 倍。这样在我们眼中，这两个实际上完全不等的天体，却成了孪生兄弟差不多大了。这不仅仅是这两个天体的真实大小的问题，更重要的是我们视觉的问题。由于月亮的轨道不是圆的，我们有时看月亮仿佛大些，有时觉得小些。在觉得月亮大时，可以完全遮住太阳；在相反的情况下，就遮不住了，这就是为什么日全食出现少的原因。

日食和月食之间是有差异的。那就是月食在任何看得见月亮的地方情形都一样，观看日食却要依赖观测者的位置，这也是很多天文爱好者不惜任何代价万里迢迢找到适合观测日食地点的原因。

“中心食（central eclipse）”在日食里可以说是最有趣的，那时月亮中心恰好遮住太阳中心。要想看到这种中心食，观测者必须准确地计算出连贯日月中心直线，并提前到那个地方等候。

有时候我们看到月亮感觉比太阳大，能把太阳全部遮住。这种食就是“日全食（total eclipse）”。也就是我们前面提到的星星出来了，大地陷入奇怪的宁静。

“日环食（annular eclipse）”出现的时候，我们看到的太阳大些，在中心食时就有一圈太阳光环绕住中间的月亮，像一枚金光闪闪的戒指，特别吸引人。

现在我们已经可以在地图上画出连接日月两中心的直线从地球面上掠过的路径来。这种表明日食路线和区域的地图预先在航海历书中印出来，这也是航海人的贡献。在不超过 160 千米以外的范围，在中心线扫过的路径南北附近地区也可见到全食或环食。在这界限外的观测者只能见到月亮掩去了太阳一部分的偏食了。而在更远的更大范围的地区，则要和日食说再见了，压根就无缘见到日食。这也是广大天文爱好者追逐日食的原因所在。

9

像个麻子脸的月亮

月亮是距离我们最近的行星，是环绕地球运行的固态卫星，也是离地球最近的天体（平均距离为38.44万千米）。它与地球关系密切，形影相随，年龄大约已有46亿年。月球表面物质的热容量和导热率又很低，因为大气稀薄，导致表面昼夜温差很大。

月球与地球一样分层结构：有壳、幔、核等。月亮的赤道直径约为3476千米，大约是地球直径的3/11。月球是通过反射太阳光来发光的，月亮受地球位置的周期变化，月相也会跟着发生周期变化，分为望月、下弦月、朔月和上弦月，每月循环一次（平均周期为29.53天）。

我们用肉眼就可以看出月亮表面上有着不同的明暗区域。暗的地方有人会看成像一个人的面孔，尤其是鼻子与眼睛特别神似，这就是所谓的“月中人”了。

在地面上随意找个角度，用最小的望远镜就可以看出月面上有环形地形，望远镜越好，看到的也更清楚。我们在望远镜中所见的第一样触目的东西就是那些山。这样的情形在上下弦月时看得最清晰，在日出或日没照出的长影会使那些突起处显得更加清晰可辨，满月时太阳光几乎直射在上面，把一切都照亮反而不容易看清了。

我们平常叫作山的那些高低地方，它们跟地球上普通的山形状大不相同，类似于地球上的大火山的喷口。这些山最通常的形状是一座圆形碉堡，好像有人刻意垒砌的，直径有的若干千米，周围的墙也有近一千米高，如果是人垒砌的，那工程质量也堪称宠大，碉堡中间相当平坦——因此我们称之为环形山。在上弦月中我们看出这些围墙以及中央山峰的影子投在内部平地上，因为在月亮环形山中央，还有一个或更多的山峰拔地而起，形成明暗不一的“麻子脸”。

自从人类登上月球以后，人类已经可以在月球上仔细瞧瞧月亮上著名的环形山和大小石块了。现在我们已经知道，月球大部分表面被灰土层尘埃与流星撞击的石头碎片覆盖，月球表面达 16% 的月海地形是由火山喷出的炽热的熔岩冲蚀出的，这样千疮百孔的月球阻挡了来自宇宙的流星撞击。

像个麻子脸的月球

月亮某些点上还会发射出一些明亮的光线，许多很美的光线散发的中心点在月球南极附近。看上去月亮好像被敲破了，空隙被熔化的白色物质填满。有人推断当年的月亮是大火山的施威场所，因此布满了线状辐射纹，只是现在火山的威风都烟消云散了。即使这样，这些线状辐射纹的成因也没有定论，还有些人认为这些线状辐射纹是陨石轰击月面造成的。

早在人类登上月球之前，科学家就知道月亮上没有空气也没有水。如

果月亮上的大气能有地球上大气密度的百分之一，科学家就能通过星光从月面掠过时的折射发现其存在，存在这种折光的迹象一点也没有。如果月亮上有水，就一定会藏在凹处或在低处流着，如地球上的水不停地循环流动。赤道区有这样一片水，就一定会反射太阳的光，很明显地被我们看见——月球探测器和登上月球的宇航员证实了我们在地球上得到的结论是正确的。

那么月亮上有生命存在吗？我们对这个都很好奇。如果按照地球上所有的生命都必须要空气和水来维持的话，月亮上完全没有水和空气的事实阻碍了其存在生命的可能性。月面上除了被新的太空陨石撞击之后，留下各种伤疤之外，将永远毫无变化。它不能像地面上的一块石头永远遭受气候的折磨，水和风年复一年将它解散冲走，最后成为沙子和土壤完全风化掉。一块石头躺在月亮上面可以经历若干千万年而遇不到任何一点损害，是因为月面上并无气候变异。可怜的没有生命的月亮除了这种温度的变化以及偶尔的流星撞击以外，整个月面没有风、没有雨、没有四季更替、没有朝露晚霞、没有气候，除了大大小小偶尔落下的流星砸出块块麻脸之外，整个月亮都是死寂的，了无生趣。

即使这样，月亮在我们眼里还是那样美好，那样明亮，它如一盏灯在天空，照亮每一个走夜路的旅人！

10 看不到月球的背面

月亮是我们的好朋友也是地球的女儿，还是地球唯一的卫星，这一点我们已经知道了。从我们记事起到长大后，月亮始终是一面对着我们，另一面我们始终看不到，这是为什么呢？

我们可以回到远古时代，那时候当然没有探测器了。但是，那时的人们对月球的背面也是很好奇的哦。因为没有登天梯，也没有宇宙飞船，可以登上月球查看一番，所以月亮的另一面自古一直是个未知的世界。

现在呢，有了探测器，却因为月球背面几乎没有月海这种较暗的月面特征，当人造探测器运行至月球背面时，它却不能与地球直接通信，这也很无奈呀。这是什么原因造成的呢？原来罪魁祸首是潮汐锁定。潮汐锁定致使月球公转速度和自转速度相同，这样子月球只能以一个面朝向地球，想换另一个面孔出现在天空都不可能。我们看到的面理所当然地称为月球正面，另一面就是背面了。

那这种锁定是有内在联系还是巧合呢？

为了探明这种关系，我们不妨研究一下太阳系其他行星和卫星之间的状况。通过研究与比对我们可以知道木星与部分木卫之间、火星与火卫之间、冥王星和卡戎星（冥王星卫星的名字）之间都有相互锁定，这就证明

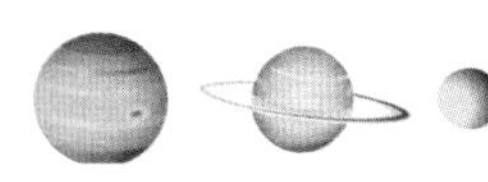

太阳系的很多天体之间都有潮汐锁定现象，要不然怎么能说是卫星呢，卫星和行星之间就要亦步亦趋，紧紧跟随，不离不弃。

月球因为长期受地球的引力，质心已经不在它的几何中心，而是靠近地球的一边了。这样月球相对于地球的引力势能就最小，月球的质心永远朝向地球的一边，在月球绕地球公转的过程中，就好像地球用一根绳子将月球绑住了一样。太阳系的其他卫星也存在这样的情况。这样我们就可以肯定它们有着内在的因素，卫星的自转周期和公转周期相等不是什么巧合，而是长期受到地球引力的结果。

其实月球也不是那么温顺的，也有自己的小脾气，只是强不过地球而已。月球自身也有引力，在它的作用下地球上产生潮汐，这种潮汐运动中的一部分能量就分散到地球的海洋里。海洋掀起滔天巨浪就是月球引力的结果，海洋由于这种能量的失去，使得地球—月球系统的运动应力受到了影响。这样月球就会逐渐远离地球，月球和地球的距离还会因为潮汐把距离加大。好怕哪一天月球脱离地球的束缚逃跑了，那样我们晚上只能看到星星了。这样的情况是不会发生的，毕竟地球的引力是大于月亮的，月亮有什么法子呢，只能老老实实做地球的女儿了。

小朋友如果想进一步理解月亮这一现象，可以找几个朋友做一个实验：在宽阔的地方画一个圆，形同地球，标出正东西南北方向，一个小朋友站在圆心（代表地球），另一个站在圆上，让他面部朝前（即不扭动脖子，这个有难度），沿着圆逆时针挪动，唯一的要求是他在沿着圆挪动的时候，保持面部始终朝向圆心。这个简单的过程基本模拟了月亮绕地球转动的过程。在这样一个过程中，另一个小朋友始终是一个面（前面）面向中心，也就是地球。我们还可以做个实验，理解一下为什么在这样一个过程中，公转周期等于自转周期。

另一个小朋友从圆心也就是地球正北方出发，绕着站在圆心的小朋友转动，当他再一次出现在正北方的时候，实际上已经完成了一个公转周期

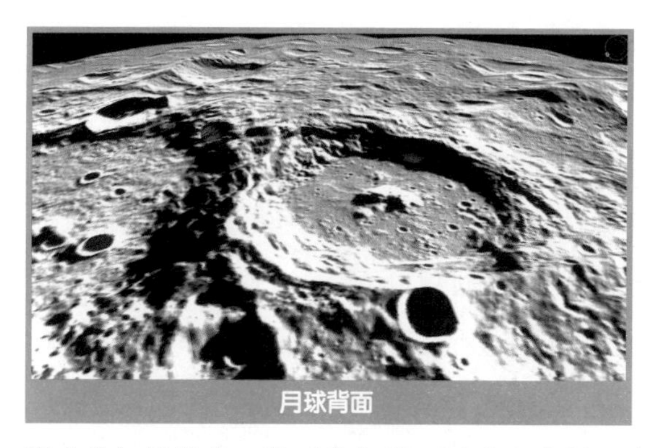
月球背面

（类似于月亮绕地球公转一周的时间）。

我们还可以实验一下他的自转时间是多少，设定当另一个小朋友在圆心位置的正北位置，面部朝向正南时的姿态为初始姿态，然后我们就可以发现当另一个小朋友逆时针挪动到圆心小朋友正西方位置时，他的自转姿态就自然发生了逆时针 90 度的旋转。如果另一小朋友在过程中不“自转”的话，那么当他在此位置时，他面向的不是圆心位置的小朋友，而仍然是朝向正南方向。实验时另一小朋友在此位置却是朝向正东方向，所以他相对于初始位置，逆时针绕自己旋转了 90 度。

类似的，当他挪动到圆心小朋友正南方向时，他相对于初始姿态自转了 180 度。当他挪动到圆心小朋友正东方向时，他相对于初始姿态自转了 270 度。当他再次挪动到圆心小朋友的正北方向时，他相对于初始姿态自转了 360 度，也就是说他完成了一个自转周期。

这样，另一个小朋友完成一个公转过程就刚好完成了一个自转过程，所以从时间上来看，这个自转周期就等于公转周期。因为在整个过程中，另一个小朋友总是以身体面部朝向圆心小朋友，也就是说，月亮总是以一个面朝向地球。

经过这样简单的实验，我们就可以明确知道由于地球的潮汐锁定，永远都是一面朝向我们的月球，自转周期和公转周期都相同。还有就是月球的背面除了在月面边沿附近的区域，因为天平动（天平动又称为天秤动，是指天文学中，从卫星环绕的天体上观察所见到的，真实或视觉上非常缓慢的周期性振荡）而中间可见以外，绝大部分不能从地球看见。现在我们可以坐飞船到月亮的另一面揭开它的神秘面纱噢！

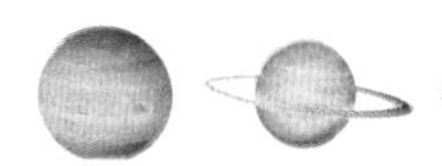

11 月球上的“海”

我们所谓的月海，并非指月球上面的海洋。之所以被称之为“海”，是因为早期的观察者，发现月面有部分地区较暗。当时用肉眼无法清晰观察到月球表面的情况下，人们依照对地球的认识，猜测该地区为海洋，因为那儿反光度比其他地方较低，称之为“海”。其他比较光亮的地方也就被称之为月陆了。另外，还有被称为湖的“月湖”，被称为湾的“月湾”，被称为沼的“月沼”。

许多人认为月海是小天体撞击月球时，撞破月壳，使月幔流出，玄武岩岩浆覆盖了低地，形成了月海。在月球形成后曾发生过较大规模的岩浆洋事件，通过岩浆的熔离过程和内部物质调整，于41亿年前形成了斜长岩月壳、月幔和月核。在39亿～31.5亿年前，月球发生过多次剧烈的玄武岩喷发事件，大量玄武岩填充了月海，厚度达0.5～2.5千米，称为月海泛滥事件。在40亿～39亿年前，月球曾遭受到小天体的剧烈撞击，形成广泛分布的月海盆地，称为雨海事件，月海因此而成。

经过分析，所有的证据都表明，在我们头顶上月球的表面是一个已经熔解的外壳，是由流动的熔岩流体形成的“海”，慢慢冷却变成了如今这副模样。

大多数的天文学者都以为人类在月球上找到了海，月球上发暗的部分，还真是熔岩流体冷却形成的。美国加利福尼亚大学地球行星系的思德克曼教授率领的物理学专家组经试验，得出了结论：体轻且流动的岩石，形成了熔岩的“海洋”，它们在从下面漂向月球表面的时候，在其表面之下残留了大量的类似钍和铀一样的重放射性元素。就是这些元素在崩溃时放出大量的热，这些热量加热了月球的内核。被加热的物质与月球的表面形成对流，从而产生了感应电流作用。当放射性元素崩溃超越一定时点时，对流现象中止，于是感应电流作用也随之消失。

目前已确定的月海有 22 个，还有些地形被称为“月海”或“类月海”的。这 22 个月海绝大多数分布在月球正面。其中最大的“风暴洋”在正面的月海面积略大于 50%，面积约 500 万平方千米，差不多是九个法国面积的总和。月面中央的静海面积约 26 万平方千米。较大的还有丰富海、危海、云海、冷海、澄海等。这些名字是古代天文学家定的。月海大致呈圆形、椭圆形，四周多被一些山脉封闭住，也有一些海是连成一片的。

月球上除了“海”以外，还有五个地形与之类似的“湖”—— 秋湖、春湖、夏湖、梦湖、死湖。梦湖的面积比海还大，有 7 万平方千米。在月海正面伸向陆地的部分称为“湾”和“沼”，湾有五个：中央湾、虹湾、眉月湾、露湾、暑湾；沼有三个：疫沼、梦沼、腐沼。其实湾和沼没什么区别。

月海类似地球上的盆地，地势较低。月海比月球平均水准面低 1 ～ 2 千米，个别最低的海如雨海的东南部甚至比周围低 6000 米。因为月面的反照率（一种量度反射太阳光本领的物理量）比较低，月海看起来显得较黑。

我们已经知道所谓月球上的海洋和湖湾，与地球上的海洋和湖湾是完全不同的，那里连一滴水都没有。只是些坑坑洼洼的平原，因为反射不到阳光变得比别处黑暗。

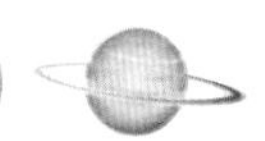
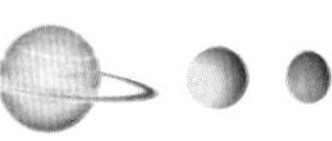

月亮被吃掉了

这一节里我们开始研究月食，月食和日食一样是一个惊人、伟大、有目共睹的自然现象。在碧空如洗的日子里，太阳发光的表面逐渐缩小，被一个黑影遮住了，逐渐地连最后的一线光辉也完全消逝了。前面一分钟还是晴空万里，亮堂堂，一会儿就黑了，这样奇妙的情景，不是人生的盛宴吗？

假如从来没有听大人讲过或者在书上看到过这种现象，无法理解这是月亮暂时掩蔽了光明的太阳，或者是卫星的运动所造成的不可避免结果，有些小朋友可能会恐惧这突然来的黑夜。如果你是个想象力丰富的孩子，还会以为是妖精在作怪或神灵在发怒呢。

月亮光

其实在科学没有发展的时代，任何种

族人的心理上，都有这样的看法，许多民族以为是一头看不见的怪兽把太阳或者月亮吞食掉了。

其实月食和日食的现象类似（中国民间传说认为是天狗吞月），那时候的人们总恐惧天上的动物（总觉得天上和地上一样居住着很多动物）失去了和谐。每当月食、日食发生的时候，许多人还敲锣打鼓去恐吓怪兽，吓唬威胁它吐出它所吞食的太阳或月亮，他们锣鼓喧天地满庄子跑，甚至跑到旷野里喊叫，最终迎来了胜利，太阳或者月亮在大家齐心合力的驱赶下，终于被怪兽吐出来了，重返天上。这样，人们就会长吁一口气，白天就继续劳作，晚上就继续睡觉。

许多个世纪，月食、日食和彗星都被人当作是不可避免的灾祸的预兆。我们都知道当围绕地球运行的月亮走到太阳和地球中间时就造成了日食；当月亮在地球背后被地球挡住了射到月面上的日光所造成的现象叫月食，这两种现象在性质上是有区别的。

如果我们在月食还没开始时就守着月亮，就会看到月亮东边沿渐渐暗淡起来，月亮一面马不停蹄向前进，阴影紧紧跟随侵吞，一点不放弃侵吞的机会，就这样黑暗的部分一面加大并最终月亮完全消失。如果我们非常细心地继续注视，就会看到一种极暗弱的光，被阴影浸着的部分并未完全消失，月影在继续前进，黑影紧紧相随，暗弱的光也跟着移动。月食也和日食一样分种类，全食是指全部月亮都进了阴影中，偏食只有一部分进入了阴影中。

全食发生时，我们始终可以清楚地看到月面上的微弱亮光，因为这时它不能被其他明亮的部分所干扰。这种暗红色的光是由地球大气折射光线而引起的（这些光我们在太阳的章节里讲了）。那些离地球表面不远处或者刚擦过地球边的太阳光线，都被折射而投在阴影中，又被投射在月亮面上。这光的红色也和落日的红色是同一原因，原来是浓厚的大气吸收了波长较短的绿色和蓝色光线却让波长较长的红色光线透过，红色光线可以穿透绿

色和蓝色光线。

月食比日食发生频繁，每年要发生两三次，几乎总有一次是全食。即使这样也是要有观看条件的，地球上只有那时正在月光下的那半球才可以看见。不过，如果真正想看，现在也不是事儿了，可以坐飞机飞到有月光的另一半球赏月。

运用我们看到的，可以想象当月食时在月亮上的观测者看见的地球所造成的日食。我们所描写的这种现象在它看来是非常清楚的。如果在月球上，地球的目视大小当然比我们所见的月亮要大，其直径会比太阳还大出三四倍，这样想是不是很神奇或者让你很向往呢？

月食的情形跟日食的情形大不相同，发生月全食时可以同时被地球上月光下的全半球看见，但阴天的话就别想了。

还有一种很奇特的现象，就是月亮升起时就已经蚀去，我们会看到蚀去的月亮和黄昏的太阳同时出现在东、西地平线上。这真是让人惊叹的奇观，科学解释似乎认为太阳、地球、月亮是成一直线的，可这种现象却与之相矛盾，似乎不可能实现。

这一节里，我们知道月亮会被吃掉，万能的太阳也会被吃掉，谁也逃不脱被别的物体遮挡的命运。科学是无穷尽的，只要经常学习，勤于观察留意天体，等小朋友长大了，也会成长为科学家，揭示更多的天文未解之谜！

13

月球是如何让地球潮起潮落的?

我们都知道月球和地球有密切的关系，它们除了公转、自转，还有什么关系呢？我们这一节就会揭开它们之间的另一个秘密。

对大海了解的人，或者到过海边的人都知道，刚还平静的海水忽然变了脸，掀起滔天巨浪卷了过来，爱好踏浪的人会乘风破浪在浪尖上耍酷。此时的大海波浪滚滚，景色十分壮观，这就是涨潮。退潮时，海水悄然退去，露出一片海滩，海滩上还会有各种来不及撤离的海螺、海鱼在浅水里挣扎，有的人会专门在退潮的时候捡拾这些不幸的家伙。

海水的涨落发生在白天叫潮，发生在夜间叫汐，所以也叫潮汐。涨潮和落潮一般一天有两次，在涨潮和落潮之间有一段时间水位处于不涨不落的状态，叫作平潮，这时的大海最温顺，人家说的心如海阔，指的就是这个时候吧。

古人很纳闷这种潮起潮落有规律的古怪现象，不知道什么原因造成的。后来有人就发现，潮汐每天都不是那么准时，总要推迟一会儿，推迟的时间和月亮每天迟到的时间是一样的，他们猜想潮汐和月球一定有必然的联系。

拉普拉斯根据牛顿的万有引力定律，从数学上证明潮汐现象确实是由

太阳和月亮，主要还是由月亮的引力造成的。

平均来说月亮的周期运动与海潮的涨落规律相符合，即高潮恰巧比月亮经过当地子午圈晚了三刻钟。这就是说，如果今天月亮在天空某处时海潮涨起，以后月亮又到那一处了，一定又会有高潮，天天如此，月月年年亦复如此。

这样我们很容易理解，月亮用它加在海洋上的引力造成了这种潮汐，月亮在经过任何天空时都会吸引起当地的水。不太好懂的是一天有两次潮。地球那边背对着月亮的地方也有涨潮。

对于这个问题，我们可以再学习一下我们刚才提过的万有引力的知识：和距离的平方成反比的是引力的大小，也可以这样说，受到的引力越小，说明是离月亮越远的地方。所以，地球背面受到的引力相对就要小一些，靠近月亮的那一面所受到的引力比较大。这种差异所产生的效果，就好像是有一种力量将地球拉扁了一样，而这扁的方向，就是正对和背对月亮的方向，也就是潮汐了。幸亏是海水啊，如果是陆地的话，就真如动画片里的海绵宝宝，一拉一缩的，那我们在陆地上也会跟着跳舞。当然这是不可能的。

假如月亮加在地球上的吸引力一直在同一方向，过不了几天，两者就要“砰”的一声，撞在一起了，那样地球就可以拥抱月亮了。这样的情形永远也不会出现，因为月亮绕地球转，这吸引的方向一直在改变。这样一个月内，月亮要把地球拉离其平均位置约 5000 千米。月亮是不是拉绳的好手啊，你比我大了不起，我就是要使劲拉、拉、拉……

有人也许会假定，既然月亮会引起潮汐，我们就理所当然地认为当月亮在子午圈上时有高潮，在地平线上就是低潮了。真实的情况却不是这样的：首先，潮汐现象相对月亮位置的变化有一个延迟现象，因为地球所拥有的无比巨大的水体所造成的强大惯性牵制了它。这潮汐运动在月亮离开子午圈后还要继续下去，这正像一块石子离开手后还向上冲去，是因为力

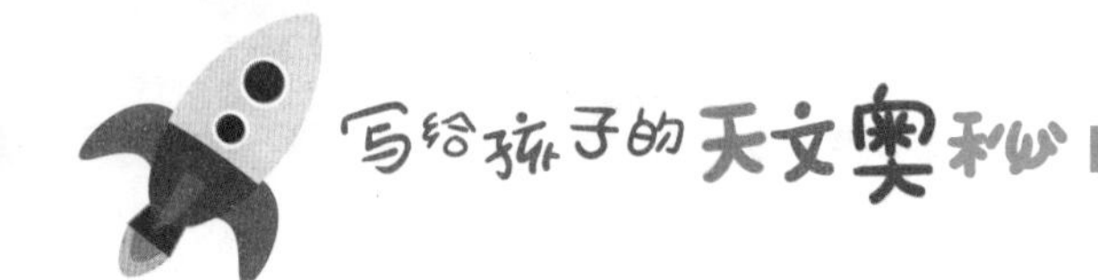

还在起作用，而波浪也被水的动力推向高于水平面的岸上一样。其次，大陆的隔断，海潮一旦遇上大陆就会按大陆情形而改变方向，但由一点转向另一点又需要长时间。这样我们比较各地潮汐时就会发现它并不规则了。通常，这个延迟的时间只有45分钟，时间上差距不大。

就连太阳也同月亮一样要引起潮汐，但太阳的作用比较小。有兴趣的小朋友可以根据我们曾经给出的数据和方法或者参考教科书，按照引力的平方规律来算出太阳和月亮引潮能力的不同。这样会学到有用的知识，动手能力毕竟永远排在第一位。

这节我们学习了月亮和地球互相牵引引起的潮汐，小朋友们看完有什么感想和收获，可以做个笔记或者动手做一做。距离大海近的小朋友也可以和家长去海边，体验一下涨潮时的真实情形，等到退潮时，看那些被海水留下的家伙是怎么逃回大海的。当然你也可以协助它们回归大海。

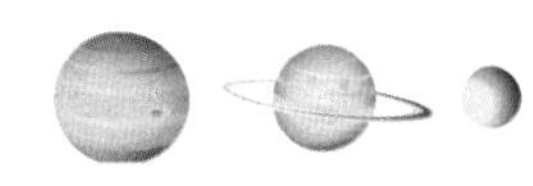

14

“明星”太阳的几个铁粉

给予我们生命之光的太阳有八个铁杆粉丝，根据它们距离太阳的远近分别为：水星、金星、地球、火星、木星、土星、天王星、海王星八大行星。这一节我们就简单介绍一下八个铁粉的大概情况，后续还会逐一补充。

水星（Mercury）是距离太阳最近的一颗行星，是太阳系中的类地行星，主要由石质和铁质构成，密度比较高。水星自转方向和公转方向相同，自转周期很长，为58.65天，绕太阳一周约为88个地球日，平均速度47.89千米/秒，是太阳系中跑得最快的运动健将。水星是光杆司令，没有卫星环绕，是围绕太阳公转的最小行星。水星还是最热的行星，朝向太阳的一面，达到400℃以上；背向太阳的一面，因为长期不见阳光，温度低到-173℃。水星上没有水，地貌酷似月球，有平原、裂谷、盆地、大小不一的环形山，还有辐射纹。水星是太阳系中密度第二大的天体，仅次于地球。

水 星

金 星

地 球

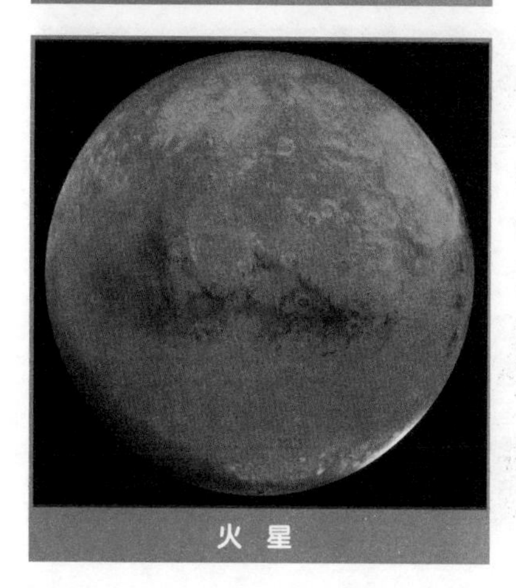
火 星

金星（Venus）在粉丝团排第二。它是离地球最近的邻居，公转周期是224.71地球日。金星在夜空中的亮度仅次于月球，排第二。它最大亮度要在日出稍前或者日落稍后才能达到，黄昏后出现在西方天空，被称为“长庚星”，日出稍前出现在东方天空，被称为“启明星”。金星犹如一颗耀眼的钻石，是全天中除太阳和月亮外最亮的星，亮度最大时为-4.4等，比著名的天狼星（除太阳外全天最亮的恒星）还要亮14倍。

地球（Earth）是太阳系中直径、质量和密度最大的类地行星，太阳系从内到外排第三。地球已有44亿～46亿岁，有一颗天然卫星月球围绕着地球以30天的周期旋转。英语Earth一词来自于古英语及日耳曼语。地球以近24小时的周期自转并且以一年的周期绕太阳公转。地球与太阳的平均距离为14960万千米，它的赤道半径为6378.2千米，其大小在行星中列第五位。

火星（Mars）也是类地行星，直径只有地球的一半，自转轴倾角、自转周期与地球相近，公转一周的时间为地球公转时间的两倍，在太阳的粉丝团中名列第四。因为地表的赤铁矿（氧化

铁）导致它的外表呈橘红色。火星地表沙丘、砾石遍布，没有稳定的液态水体，基本上是沙漠行星。火星上以二氧化碳为主，沙尘悬浮其中，每年常有尘暴发生，大气既稀薄又寒冷。两极水冰与干冰组成的极冠，会随着季节消长。

木 星

木星（Jupiter）排第五，是太阳系体积最大、自转最快的行星。木星的中心温度估计高达30500℃，主要由氢和氦组成。木星在太阳系行星中体积和质量最大，质量是地球的约318倍，是七大行星总和的2.5倍还多，而体积则是地球的1316倍。木星并不是正球形的，而是两极稍扁，赤道略鼓。木星是天空中第四亮的星星。木星表面有一个大红斑，从北到南有14000千米，从东到西有48000千米，面积大约453250000平方千米。对于木星是什么科学家们仍有争论，很多人认为它是一个永不停息的旋风。

土 星

土星（Saturn）在粉丝团排第六。和木星、天王星及海王星同属气体（类木）巨星，体积则仅次于木星。土星公转周期大约为29.5年，直径119300千米（为地球的9.5倍），是太阳系第二大行星。表面也是液态氢和

天王星

氦的海洋，与邻居木星十分相像。土星上狂风肆虐，沿东西方向的风速可超过每小时 1600 千米。土星的上空覆盖着厚厚的云层，这些云层就是狂风造成的，云层中含有大量的结晶氨。

天王星（Uranus）在粉丝团中排第七，质量比海王星轻，排名第四，体积比海王星大，排名第三。天王星因为暗淡而未被古代的观测者认定为一颗行星，是第一颗在现代发现的行星，虽然它的光度与五颗传统行星一样，亮度是肉眼可见的。海王星和天王星的内部大气构成和气体巨星——木星和土星不同。天王星大气的主要成分是氢和氦，还包含较高比例的由水、甲烷水、氨结成的“冰”，与可以察觉到的碳氢化合物，是太阳系内温度最低的行星，最低的温度只有 -224.15℃。天王星有复合体组成的云层结构，甲烷组成最高处的云层，水在最低的云层内。

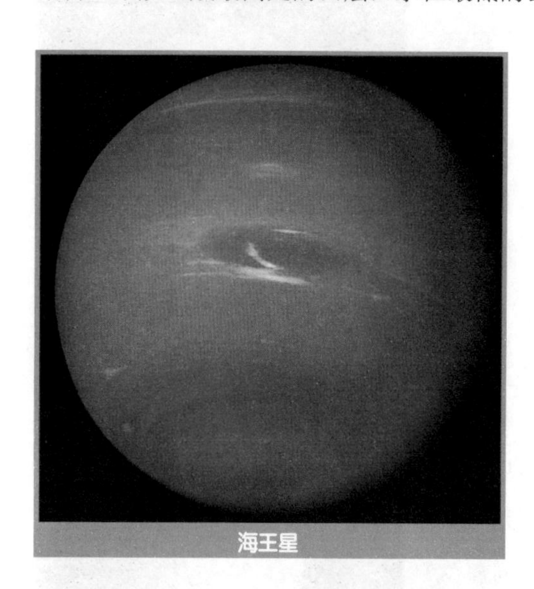

海王星

海王星（Neptune）在粉丝团排第八，海王星在直径上小于天王星，但质量比它大。海王星的质量大约是地球的 17 倍，是围绕太阳公转的第四大天体（直径上）。海王星上的风暴是太阳系中最快的，时速达到 2100 千米，呼啸着按带状分布的大风暴或旋风，是典型的气体行星。尽管海王星是一个寒冷而荒凉的星球，但它和土星、木星一样，内部也有热源——它辐射出的能量是它吸收的太阳能的两倍多。海王星的蓝色是大气中甲烷吸收了日光中的红光造成的。

小朋友，怎么样，读完太阳的八大铁粉你有什么想法和感悟呢？是不是也想成为一名科学家，揭示更多的星球秘密？

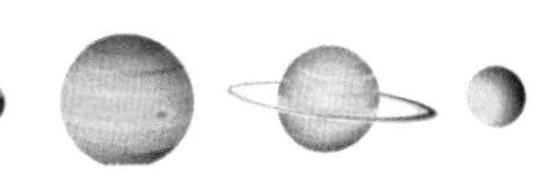

15 太阳系，你从哪里来

我们所在的恒星系统就是太阳系（Solar System），顾名思义就是以太阳为中心，以受到太阳引力约束的天体的集合体：包括 8 颗行星、至少 165 颗已知的卫星，和数以亿计的太阳系小天体，柯伊伯带的天体、小行星、彗星和星际尘埃都包括在小天体里。

太阳系的主角是位居中心的太阳，它是一颗光谱分类为 G2V 的主序星，拥有太阳系内已知质量的 99.86%，并以引力主宰着太阳系。木星和土星，是太阳系内最大的两颗行星，又占了剩余质量的 90% 以上。

太阳系位于银河系（直径 100000 光年，拥有超过两千亿颗恒星的棒旋星系）的星系内。其中我们赖以生存的太阳就位居银河外围的一条漩涡臂上，称为本地臂或猎户臂。太阳在银河系内的速度大约是 220 千米 / 秒，距离银心 25000 至 28000 光年，它自转的同时还要环绕银河系公转，这个公转周期称为银河年。公转一圈需要 22500 万年～ 25000 万年。

太阳系轨道非常接近圆形，和旋臂保持大致相同的速度，也就是说它相对旋臂是几乎不动的。这样旋臂就远离了有潜在危险的超新星密集区域，我们生存的地球就可以长期处在稳定的环境之中得以发展出生命。太阳系接近中心之处，远离了银河系恒星拥挤群聚的中心。它邻近的恒星强大的

太阳系

引力对奥尔特云产生的扰动还会将大量的彗星送入内太阳系，会导致与地球的碰撞而危害到发展中的生命，银河中心强烈的辐射线也会干扰到复杂的生命发展。科学家认为在太阳系目前所在的位置，35000年前曾经穿越过超新星爆炸所抛射出来的碎屑，曾经危及地球上生命的还有朝向太阳而来的强烈的辐射线，以及小如尘埃大至类似彗星的各种天体。地球上能发展出生命的一个很重要的因素是因为太阳系在银河中的位置刚好合适。

太阳系所在的位置是银河系中恒星疏疏落落，被称为本星际云的区域。太阳向点（apex）是太阳在星际空间中运动所对着的方向，靠近武仙座接近明亮的织女星的方向上。这是一个气体密集，恒星稀少，形状像沙漏，直径大约300光年的星际介质，称为本星系泡的区域。这个气泡被认为是由最近的一些超新星爆炸产生的，充满高温等离子。

直到17世纪，人类除极少数外，都不相信太阳系的存在。地球被认为是固定在宇宙的中心不动的。

伟大的天文学家伽利略是第一位发现太阳系天体细节的天文学家。他

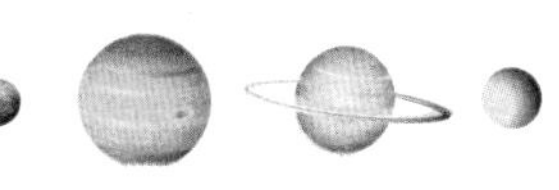

发现太阳的表面有黑子，木星有 4 颗卫星环绕着，月球有火山口。惠更斯发现土星的土星环的形状和卫星泰坦。后继的卡西尼发现了土星环的卡西尼缝、木星的大红斑、4 颗土星的卫星。

科学家长期对太阳系的研究，还分化出了几门学科：

太阳系物理学：研究太阳系的行星、卫星、小行星、彗星、流星以及行星际物质的物理特性、化学组成和宇宙环境的学科。

太阳系化学：空间化学的一个重要分科，研究太阳系诸天体的化学组成（包括物质来源、元素与同位素丰度）和物理—化学性质，以及年代学和化学演化问题。太阳系化学与太阳系起源有密切关系。

太阳系稳定性问题：天体演化学和天体力学的基本问题之一。

太阳系内的引力定律：太阳系内各天体之间引力相互作用所遵循的规律。

虽然科学家同意另外还有其他和太阳系相似的天体系统，但直到 1992 年才发现别的行星系。至今已发现几百个行星系，但是详细材料还是很少。

关于类似太阳系的天体系统的研究的另一个目的是探索其他星球上是否也存在着生命。

经过对太阳系的科学探测，我们知道地球是唯一有生命的天体，它养活了所有的生物，在太阳系中是唯一的传奇，我们要感恩，珍惜地球给予我们的一切。

16

一场围着太阳转的长跑比赛

属于太阳系的行星和小行星带都围着太阳公转，它们都有自己的轨道，如果不小心转出自己的轨道，又会出现什么奇迹呢？我们先看看行星之间是如何围着太阳长跑的。

首先说说距离太阳最近的水星，它绕太阳四次有余，地球才能绕太阳一次。水星与太阳的“合”有个很规则的周期。

在太阳系的行星中，金星是最明亮的。火星的公转周期约为687日。如果这个周期恰好是两年，火星就要在地球公转两次的时间做一次公转，而我们也会十分规律地隔两年见一次火星冲（指太阳、地球和火星排成一条直线，约每两年两个月发生一次）了，这多出的一两个月在八次冲以后集成一年；因此，过了15年或17年以后，火星的冲又回到同一天而在轨道中所占的位置也差不多还原了。火星公转只有八九次的时候，地球已公转15次或17次。

在太阳系中除了太阳，能算得上第一的就是“巨人行星”木星了。木星的两极较为平扁并不是正圆形，如同我们的地球，但远甚于地球。在别的行星上的观测者是很难发现地球与正圆球形之差的。木星显著的扁率是由于它绕轴自转速度快因而赤道部分凸起来了。

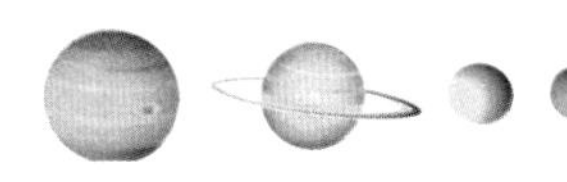

大小和质量仅次于木星的是土星，它在 29.5 年的时间中环绕太阳一周。

在天空的位置一年之内没有多少改变的是天王星，它的公转周期约为 84 年，相当于人的正常一生。因为它远，所以很难看出它表面的特色。在优良的望远镜中它呈一个略带绿色的灰白圆面。天王星的距离约比土星加了一倍。它的轨道半径是 19.2 天文单位，依我们日常距离推算是 287100 万千米。

天王星的轴线却几乎平行于黄道面，不像大多数的行星总是围绕着几乎与黄道面垂直的轴线自转。

海王星继天王星而来，以离太阳远近为序的话。海王星的质量、大小和天王星相差不多，但它的轨道半径却是 30 天文单位（天王星的是 19.2 天文单位）。因为微弱的太阳光使得它暗淡，不容易被看见。海王星外的行星是在海王星外 14 亿千米。但是它的轨道离圆形还远得很——其曲率比其他任何主要行星都更大，竟切入了海王星的轨道。

因为海王星距离太远，绕轴自转方式不能直接观测到，用分光仪做的观测显出它的自转周期约 15.58 小时。

海王星外的行星有没有和海王星碰撞的危险呢？经过计算，答案是不可能，要撞早就撞过了。两者之间的最小距离足足有 3.66 亿千米。这颗新行星的轨道非常倾斜，尽管它离太阳有时比海王星更远，有时却更近。

冥王星的发现经过几乎是传奇，2006 年 8 月 24 日的第 26 届国际天文学联合会（IAU）上，经投票，否决了冥王星是大行星，它的大行星地位只保持了 70 余年，太阳系的 9 大行星变成了 8 颗。但无论人们怎么否决冥王星，都改变不了它运行的轨道和方式，它一直在太阳系暗淡的微光里漫游。

说完行星沿着太阳公转，我们再看看小行星的轨道，它们是如何在太阳系奔跑的。

小行星的轨道是存在偏心率的，有的还很大。比如希达尔戈星

(Hidalgo)，它的轨道偏心率就是0.65，也就是说当在远日点时它离太阳比平均距离要远2/3，在近日点时它离太阳比平均距离要近2/3，它在离太阳最远的地方竟和土星差不多远了。希达尔戈星轨道的倾斜是43°，有的小行星则超过了20°。

依据星云假说的理论而言，所有行星的物质从前都是环绕太阳运行的云状物质的环。那些轨道占领的边界太宽，如果这些小行星当初是一体时，不见得会这样。别的行星都是由于环中物质渐渐集中于环中最密的一点，从而成为一颗星。

关于小行星还有一种“半成品说”理论，理论认为：约46亿年前太阳系形成的早期，太阳系由一团星云凝聚成天体。凝聚过程中有一部分形成大行星，有一部分没有形成大行星，分布在火星和木星的轨道之间。不知道亿万年之后它们相撞会不会成为新的行星？

行星轨道都近似圆形，但太阳并不在圆心。如果我们从无穷的高处俯视太阳系，再设想小行星轨道都可看成精细画出的圆圈。这些圆圈就要互相交错，像织网一样，形成一个较宽的环，环外边的直径几乎比内边直径加一倍。把这些圆圈当作丝线圈拿起来，使它们都以太阳为中心，却不改它们的大小，那些较大的轨道直径就差不多要比较小的多一倍，因此这些圆圈就要占据很宽的空间。这时奇怪的事情出现了，它们并不平均分布于全部占有的空间，却集合成清楚分开的几群。

行星围绕太阳公转一次都有一定的日期，离太阳愈远，这周期便愈长。因为轨道的全圆周是129.6万秒（360度），用这数目除以公转周期，得的商数就表示那颗行星平均每日运行多少角度了。小行星的平均运动约自300秒起到1100秒以上，度数愈大，公转周期愈短，行星离太阳愈近。

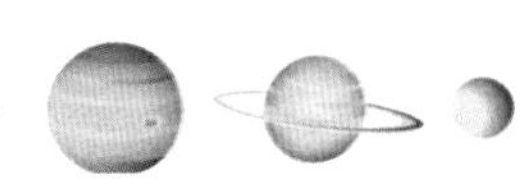

17

水星的神秘面纱

水星，不仅是离太阳最近的行星，还是八大行星中最小的一颗，如果不是因为它距离太阳最近的话，我们几乎不能将它列在大行星中。在星界中，靠领导近也很重要，水星就是最好的例子。水星的直径只比月亮大出50%，但体积比月亮的体积大了3倍多。

水星距离太阳虽然近，在大行星中轨道偏心率却是最大的一颗——虽然有些小行星在这方面要超过它（前面已讲述）。因此在远日点上其距离竟大于6900万千米，在近日点上这距离不到4700万千米，它离太阳的远近有如此大的变化，它绕太阳的公转周期不到3个月，也就是约88日。因此它在一年之中绕太阳四次有余。

当地球绕太阳一次，水星则绕了四次有余，水星与太阳的“合”有很规则的周期。为了表明其视运动的规律，我们假设一个E（内圆）代表水星轨道，而M（外圆）代表地球轨道。当地球在E点而水星在M点时，水星正与太阳在下合点上。3个月之后水星又回到M点，但这时它却并没有下合，同时地球也在轨道中运动了。当地球达到F点而水星到了N点时，又有了下合。这种周期运动叫作行星的“会合周（synodic revolution）”，水星的会合周比实际公转周期多出1/3不到一点，也可以说MN弧略小于圆

周的1/3。

现在再继续假定，画一个图，图中地球在E点，水星不在M点，却几乎到了最高处的A点上。我们从地球的角度看来，它在离太阳距离最远的一点上——用术语来说，就是在“大距”上。在相反方向的C点附近，那就到了太阳之西。于是在日出前升起，这时候，水星就会闪耀在东天的晨曦中。如果水星在太阳的东面，就会在太阳之后沉没，我们会在日落后半小时至一小时内在西天的薄霭中看到它明亮的身影。这样，当作晨星来看，水星在西大距时（秋季）能够很好地观察到；当作昏星来看时，在东大距时（春季）更利于观测。

春季和暖的傍晚或者在秋天清凉的黎明是用望远镜观测水星的最佳时刻，假定水星在太阳东面，一般在下午任何时候都可用望远镜看见它，但这时太阳强烈的光线把空气搅乱了，很难有令人满意的观测。利于观测的是下午晚些时候空气较稳定时，可是到了日落之后视线会越来越模糊，大气处于不断增厚之中。因为这种种不利因素，水星成了很难如意观测的行星，而观测者所描述的水星表面也就千差万别了。

在很长的一个时期内，水星的自转周期是几乎所有的观测者都认为无法确定的。1889年，斯基亚帕雷利（Schiaparelli）用精巧的望远镜在意大利北部美丽的天空中，对水星做了细致的观测，结果说该行星的状貌天天没有变化。他得出结论以为水星永远以同一面对着太阳，正如月亮之于地球一样。

弗拉格斯塔夫的罗威尔天文台也得到了同样的结论。当时最先进的多普勒雷达在1965年表明，这种理论实际上是错误的，因为水星在公转二周的同时自转三周。

水星也像月亮一样有圆缺，对太阳的位置常有变换。背向太阳的黑暗面我们看不到，只能看到被太阳照耀的那半球。明半球完全对着我们就是水星上合时（太阳在地球与水星之间），水星的表面就犹如满月般的圆盘。

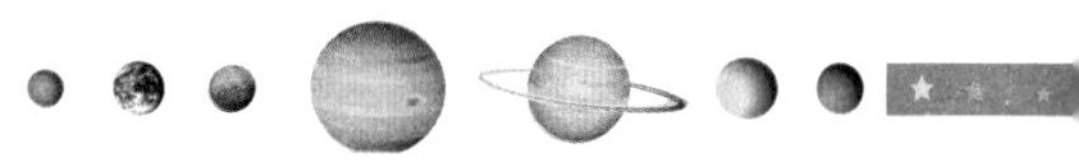

随后它经由东大距移向下合，明半球部分则越来越少，向着我们的暗半球部分就越来越多。这时我们反而可以更好地观测仍然明亮的部分，因为它离我们越来越近了。暗半球完全对着我们就到了下合的时候，如同新月一样，在它应该出现的位置上，只留下了一个无法观测的阴影。水星经由西大距返回上合的位置，重新成了一轮“满月”，是通过黑暗的下合期之后。

人们都认为水星上没有大气是因为我们根本就观测不到其对日光的折射效果。其实水星拥有稀薄得几乎不存在的大气层，这层大气由太阳风带来的原子构成。现在的研究表明，水星温度被太阳烤得如此之高，使得这些原子迅速地逃逸到太空中。于是，水星的大气频繁地被补充更换，与地球和金星稳定的大气相比水星就像没有大气了。

我们如果用心想象一下水星的运行情况就会明白，假如地球和内行星在同一平面上绕太阳而行，下合时我们都能看到它从太阳表面经过。这样的事情并不能发生，因为两颗行星不可能在同一平面上旋转。我们已经知道在所有大行星中，水星轨道对地球轨道的偏斜最大，我们常常看到它在南边或北边与太阳神奇地擦肩而过。如果我们从望远镜中看到一粒黑点经过太阳表面，这就是它在下合时正好接近了地球与水星轨道的交点，这种现象叫作“水星凌日（Transit of Mercury)”，要想看到这样的景象要等3年到13年不等。天文学家对这种现象都有很大兴趣，能准确地测定水星进入和离开太阳圆盘的时刻，通过这时刻推导出这行星的运动规律。

1631年11月7日，伽桑狄（Gassendi）第一次观测到了水星凌日。由于他的工具非常简陋，观测结果已毫无科学价值了。1677年，哈雷（Halley）在圣海伦岛（St.Helene）较好地观测到了这一现象。从此以后，这种凌日的观测就很有规律地继续了下来。

水星过太阳南部边缘在下述时间里出现过：

1937年5月11日，美洲日出之前可见，欧洲南部可见。

1940年11月10日，美国西部可以看见。

1953 年 11 月 14 日，美国全境均可以看见。

1677 年以来，通过对水星凌日的观测，人们发现这颗行星的轨道居然是慢慢改变的，这真是一件有趣的事。现在精密的理论计算表明，水星近日点的变动比理论计算值更前进了 43 角秒之多。这一点误差是勒威耶（Leverrier）在 1845 年发现的。

我们可以这样记忆关于水星的知识：离太阳第一近，在八大行星里最小，偏心率最大，主要还是阴阳脸，一半热，一半冷，卫星最少，时间最快。好了，经过这样总结，你是不是对水星这个家伙一下就记住了呢？相信你会记住的。

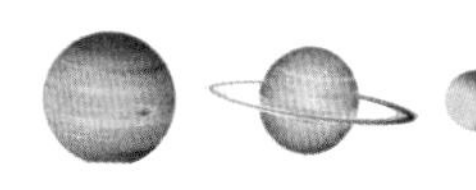

18

水星，你长得真像月球

水星与地球的卫星——月球之间，在地质历史等方面存在着惊人的相似之处——满布着环形山、大平原、盆地、辐射纹和断崖。这一发现将为备受关注的月球起源理论提供新的思路。

“这种相似之处表明，月球乃至地球，在同位素组成方面并不是独一无二的。”美国航空航天局“水星信使号”研究项目的首席研究员西恩·所罗门（Sean Solomon）这样表示自己的看法。

现在最流行的理论认为，月球是由大小与火星类似的行星在46亿年前与地球相撞时将地球撞击成大小不等的两部分，较小的部分沉积成为月球。目前，没有关于月球形成的完整而确凿的答案，因此针对这一猜测还存在质疑。

“信使号”宇宙飞船在2013年3月完成了对水星整个表面的测绘。水星与月球在地质历史等方面存在着惊人的相似之处。在月球表面，平滑区域的面积占16%；水星表面，平滑区域占全部表面积的27%。水星表面的平滑程度同月球相似。

科学家认为，水星表面的坑洼部分，在地势以及年代上也与月球类似。这些区域是在亿万年前由火山喷发出的岩浆覆盖在表面形成的。此外，两者都具有极地冰层，且都具有截然不同的两个侧面。

这样就表明，水星在地球形成的最后阶段与地球相撞击并形成了月球，如果构成月球的同位素恰巧与水星相似的话。

所罗门教授表示：“如果这一点得到确认的话，那么所有关于地球和月球在同位素上具有类似之处的谜团就会就此解开了。”

水星地形被标记为多起伏的，原因是几十亿年前水星的核心冷却收缩引起的外壳起皱。此外，水星的环形山和月球上的环形山相似。水星表面最显著的特征之一是有一个直径达到 1350km 的冲击性环形山——卡路里盆地，也是水星上温度最高的地区，如同月球的盆地。卡路里盆地很有可能形成于太阳系早期的大碰撞中，那次碰撞大概同时造成了星球另一面正对盆地处奇特的地形。水星表面还包括两个不同的年龄层，比较年轻的比较平，科学家猜测是熔岩浸入了较早地形的结果。水星还有“显著性”的“周期性膨胀”。

星罗棋布在水星表面的既有平原，也有高山，还有令人胆寒的悬崖峭壁。这些环形山比月亮上的环形山的坡度平缓些。据统计，水星上的环形山有上千个。

水星也分为壳、幔、核三层，水星外貌如月，内部却很像地球。18 个水星合并起来才抵得上一个地球的大小。它的半径只有 2439 千米，是地球半径的 38.2%，平均密度为 5.43 克 / 立方厘米，略低于地球的平均密度。质量为 3.33×10^{23} 千克，为地球质量的 5.58%。除地球外，水星的密度在八大行星中最大。天文学家推测水星的外壳是由硅酸盐构成的，水星中心有个铁质内核比月球大得多。这个核球的主要成分是镍、铁和硅酸盐，根据水星大小推测，水星里应含铁两万亿亿吨，按地球世界钢的年产量（约 8 亿吨）计算，水星的铁可以开采 2400 亿年。

在水星表面的坑穴之间，有起伏平缓、多丘陵的平原。水星有两种地质显著不同的平原，是水星表面可见最古老的地区，这些平原早于火山口

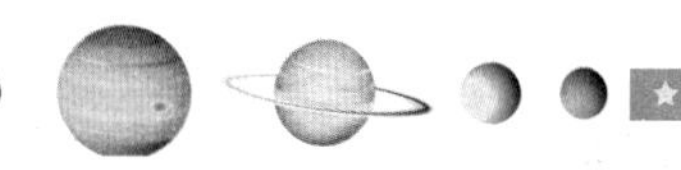

地形。这些平原里埋藏着陨石坑，有些直径在 30 千米以下，还有更小的陨石坑。这些埋藏着陨石坑的平原大致是均匀分布在整个行星的表面，现在还不清楚它们是起源于火山还是撞击。

卡路里盆地早于所有水星平坦平原的形成，只要比较在卡路里火山喷发覆盖物，就能发现小陨石坑密度。卡路里盆地有破碎的山脊和粗糙的多边形碎裂，地板填满了独特的平原地质，不清楚是撞击造成大片的融化，还是撞击诱使火山岩熔喷涌。众多的压缩皱褶或峭壁，在平原表面交错着，是行星表面一个不寻常的特征。造成这些特征的可能是随着行星内部的冷却，行星表面会略为收缩，并且表面开始变形。水星的表面也会被太阳扭曲——太阳对水星的潮汐力比月球对地球的强 17 倍。

我们分析了水星和月球的相似之处，小朋友对开采水星上的铁是不是更感兴趣？水星上含铁两万亿亿吨，可以开采 2400 亿年，真是一个巨大的铁资源库啊！

19

火炉般的金星

1761年俄罗斯科学家在圣彼得堡观测金星凌日时发现了金星大气层。金星大气层比地球大气层更为浓密与厚重，气压为93大气压，主要为二氧化碳所构成。金星的大气层中有硫酸形成的不透明云，在地球或金星环绕探测器上没有可见光观测金星表面，只有依靠雷达成像的方式探测得知金星表面的地形。金星大气层有少许微量气体，主要由二氧化碳和氮组成，其表面温度较高。

超慢速自转和超高速大气环流影响了金星的大气层。金星的恒星日有243日，风速最高可达到100m/s或360km/h，是金星自转速度的60倍。地球最高速的风，速度只有地球自转速度的10%到20%，而金星只需要四个地球日，其大气环流就可以环绕金星一周。另一方面，金星表面风速大约是10km/h，风速随高度下降而降低，金星两极则有属于反气旋的极地涡旋，每个气旋还都有两个风眼，不是一个，并且还有特殊的S型云结构。

金星缺乏磁场和地球不同，金星的大气层和太空以及太阳风分离是其电离层导致的。使金星的磁场环境相当特殊，造成金星的磁层是“诱发磁层”的原因是电离层将太阳磁场隔离了。包含水蒸气等较轻的气体被持续

的太阳风经由诱发磁尾吹出金星大气层。

推测 40 亿年前的地球和金星大气层与表面有液态水大气层相当类似。导致金星温室气体含量上升是失控温室效应（Runaway greenhouse effect）表面的液态水蒸发造成的。

不要看金星表面的状况相当炎热，在金星大气层 50 到 65 千米高的地方气压与温度却与地球差不多。这个高度的金星高层大气是太阳系中环境最类似地球的地方，这一点甚至比火星表面更类似。因为压力和温度类似，在金星上还有空气可呼吸（21% 的氧和 78% 的氮）。因此有人提出可在金星的高层大气进行探测和殖民，这样看来，像火炉的金星上只要有一定的高度就能找到和地球类似的区域供人类生存。

金星的大气层主要由少量的氮、二氧化碳和其他的微量气体组成。虽然氮在金星大气层的含量比二氧化碳还少，因为金星的大气层比地球大气层（有 78% 是氮）更为浓密和厚重，在金星大气层中氮的总含量仍是地球的四倍。

金星的大气层内包含少量氯化氢和氟化氢，还有一氧化碳、水蒸气和氧分子等等让人感兴趣的化合物。理论上大量的氢被认为消失在太空中，因为氢原子在金星大气层中的数量相对较少，剩余的氢绝大多数形成硫化氢（H_2S）和硫酸（H_2SO_4）。

从上面的介绍可以知道金星的大气层依照高度被分为数个部分，金星大气层中 65 千米高处的对流层密度最高，在对流层顶的温度和压力与地球表面类似，而且云的移动速度达到 100m/s。在类似火炉环境的金星表面风速则相当低。

金星表面的大气层总质量是 4.8×10^{20}kg，是地球的 93 倍，表面密度是 $67kg/m^3$，是地球表面液态水的 6.5%。大气压是地球表面的 92 倍，相当于地球海面下 910 米深处的水压。金星表面极高的压力会使超临界二氧化碳不再以气体形式出现，而是超临界流体，超临界二氧化碳会形成覆盖

整个金星表面的另一种形式的海洋。这种海洋的传热率极高，让金星昼夜（各 56 地球日）之间的温度变化极小。

我们看看 1761 年罗蒙诺索夫（Mikhail Lomonosov）发现金星大气层时的记录：

金星表面的平均温度高于铅（600K，327℃）、锌（693K，420℃）、锡（505K，232℃）的熔点。这是因为金星大气层中大量的二氧化碳、二氧化硫、水蒸汽等气体造成金星表面剧烈的温室效应，吸收了大量来自太阳的辐射能，使金星表面温度高达 740K（467℃），这样就高于其他的太阳系行星，甚至超过接受太阳辐射能是金星四倍的水星（最高温 700K）。即使金星的逆向自转速度极慢，使金星的太阳日达到 116.5 个地球日，金星厚重的对流层也让它的白昼与黑夜两个半球之间温度差异很小，金星的夜晚长达 58.3 个地球日。金星大气层 90% 的质量聚集在高度 28 千米以下的范围以内，其对流层质量占金星大气层总质量的 99%。在金星大气层高度 50 千米处的气压大约与地球表面的气压相等，地球大气层 90% 的质量聚集在高度 10 千米以内范围，在金星的夜半球部分云的高度可达到 80 千米。

金星高度 52.5 到 54 千米处的温度大约在 293K（20℃）和 310K（37℃）之间，而高度 49.5 千米处的气压则与地球海平面大气压相等，根据金星探测器和金星快车的观测资料可以知道上述数据。如果想补偿温度在一定程度上的差异，可以将载人空间探测器送往金星，在高度 50 到 54 千米或更高区域的任一处将是最容易进行探测甚至殖民的地方，该区域的温度将是关键性的液态水存在范围，即 273K（0℃）至 323K（50℃），这样的气压与地球上适合人类居住的区域相同。因为那儿的二氧化碳较人类呼吸的空气重，这个“殖民地”的“空气”（氮和氧）将可让殖民地的建筑结构可以像飞船一样飘浮。

小朋友们绝对没想到像火炉般的金星反而是人类最适宜居住的星球吧！不过，这样飘浮的建筑结构可不好玩，没有安全感呢！但是习惯了也会觉得很享受吧！

20 困难重重的金星之旅

迄今为止，人类发往金星或路过金星的各种探测器已经超过 40 个，获得了大量的有关金星的科学资料。美国和苏联从 20 世纪 60 年代起，就对揭开金星的秘密倾注了极大的热情。人类对太阳系行星的空间探测首先是从金星开始的。

苏联于 1961 年 1 月 24 日发射“巨人”号金星探测器，不幸在空间启动时因运载火箭故障而坠毁。又在 1961 年 2 月 12 日试验发射重 643 千克的“金星 1 号”。

苏联在 1965 年 11 月 12 日和 15 日发射的“金星 2 号”和重达 963 千克的“金星 3 号”均告失败。

苏联在 1967 年 1 月 12 日，成功发射了“金星 4 号”探测器，同年 10 月抵达金星，向金星释放了一个登陆舱。

苏联在 1969 年发射了“金星 5 号”和“金星 6 号”，再次闯入金星大气探测，探测器最后降落在金星表面上，由于硬着陆仪器设备损坏，因此不能探测金星表面情况。

1970 年 8 月 17 日苏联的“金星 7 号”探测器成功发射，它穿过金星浓云密雾，冒着高温炽热，首次实现金星表面的软着陆。

苏联于1978年9月9日和9月14日，分别发射了“金星11号”和“金星12号”，两者均在金星成功实现软着陆，均作了110分钟。

苏联在1981年10月30日和11月4日先后上天的“金星13号”和“金星14号”，其着陆舱携带的自动钻探装置在金星地表，采集了岩石标本。

苏联在1983年6月2日和6月7日，发射成功了“金星15号”和“金星16号”，二者分别于10月10日和14日到达金星附近，成为其人造卫星。

苏联在1984年12月发射了“金星一哈雷”探测器，于1985年6月9日和13日与金星相会。

20世纪60年代初，苏联航天技术的辉煌成就，极大地刺激了美国人，1961年7月22日美国发射“水手1号”金星探测器，升空不久因偏离航向，只好自行引爆。

美国在1962年8月27日发射“水手2号”金星探测器，飞行2.8亿千米后，于同年12月14日从距离金星3500千米处飞过。

美国在1967年6月14日发射“水手5号”金星探测器，同年10月19日从距离金星3970千米处通过。

美国在1973年11月3日发射“水手10号”水星探测器，1974年2月5日路过金星，从距离金星5760千米处通过。

美国在1978年5月20日和8月8日，分别发射了“先驱者一金星1号”和“先驱者一金星2号”，其中“1号”在同年12月4日顺利到达金星轨道，并成为其人造卫星。

1989年5月4日，美国亚特兰蒂斯号航天飞机将重量达3365千克，造价达4.13亿美元的“麦哲伦”号金星探测器带上太空，并于第二天把它送入金星的航程。事实证明，“麦哲伦”号是迄今最为成功最先进的金星探测器。因苏联有科学家推测，大约40亿年前金星上有过汪洋大海。“麦哲伦”号通过先进的雷达探测技术，研究金星是否具有河床和

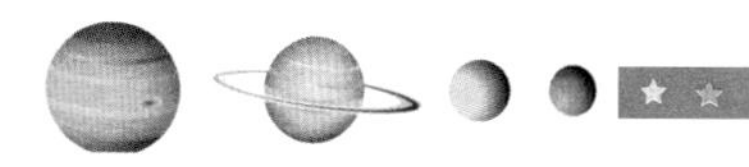

海洋构造。

金星上有一个 40 千米 ×80 千米大的熔岩平原，就是“麦哲伦”拍摄到的，可以清楚地辨认出火山熔岩流、高山、活火山、火山口、地壳断层、岩石坑和峡谷。“麦哲伦”发现金星上的尘土细微而轻盈容易被吹动，表明金星表面是有风的，很可能像“季风”那样，时刮时停，有时还会发生大风暴。它没有天然卫星，没有水滴，其磁场强度也很小，大气主要以二氧化碳为主，金星表面温度高达 280℃～ 540℃，一句话，它不适宜生命存活。

金星的表面 20% 是低洼地，古老的玄武岩平原占 70% 左右，高原大约占了金星表面的 10%。高达 12000 米的麦克斯韦火山是金星上最高的山。还有 3 个直径为 37 ～ 48 千米的火山口位于金星赤道附近一个面积达 2.5 万平方千米的平原上。金星上环绕山极不规则，总共约有 900 个，而且痕迹都非常年轻。

1990 年 8 月 10 日，开始工作的“麦哲伦”至 1994 年 12 月 12 日，在金星大气中焚毁。

飞往木星的“伽利略”号探测器在 1990 年 2 月途经金星时，成功地拍摄到金星的红外、紫外波段的图像，显示金星大气顶部的硫酸云雾透过紫外光非常突出。

2010 年 5 月日本宇宙航空研究开发机构（JAXA）发射的金星探测器“晓”号，原定在 2010 年 12 月 7 日进入金星轨道，但“晓”号开始进行引擎反向喷射、准备减缓速度进入金星轨道时，通信设备却发生故障，与地面指挥中心短暂失联，以至于引擎停摆，与金星擦身而过，没有在 2010 年 12 月 7 日进入金星轨道。运作小组表示，“晓”号若仍完好无损，将再次挑战，因为“晓”号必须等到 2016 年后才能再度接近金星轨道。

从 1961 年至今，人类对金星的探索从未停止，我们对金星的未解之谜的探索还要继续，这就得依靠小朋友们了，未来是你们的，希望也是你们的。

21

火星的“运河”之争

乔范尼·夏帕雷利（Giovanni Schiaparelli）是意大利天文学家，他观测到火星表面具有条状地貌并将其命名为canali，后被译为运河。这样人们广泛地幻想希冀火星上有运河、有生命的存在。

弗拉马里翁（Nicolas-Camille Flammarion）在1892年写了一本书，叫作《火星及其居住条件》。这本书描述了智能生命是怎样通过这些运河在火星世界分配水资源的，又描绘了火星上那些水道与人工运河是如何相似。

并不是所有天文学家都认为火星上有生命，也有人据理力争地认为火星上不存在运河或者生命。20世纪60年代这场争论才真正平息，美国航空航天局（简称NASA）借助“水手4号”拍摄出了清晰的荒漠空洞的火星表面的图片，但是并未拍摄到任何运河。

在19世纪，天文观测还没有先进的摄影技术支持。天文学家只能透过光学望远镜连续数小时盯着目标，他们看到火星上的阴影和亮光，想当然地便以为是大陆与海洋。直到某一时刻，视野足够清晰，然后他们立刻把所见之物描画下来。当时的天文学家已经知道火星的自转周期和倾角都与地球相似，这就意味着火星上也会有天文学意义上的季候变迁。这样有关火星上是否有运河和智慧生命的争论就很容易理解。但是，据此而相信火

星有着和地球相似的气候、植被乃至生命，确实在科学研究中属于过于冒险的猜想。虽然火星两极的冰盖随着季节的变化此消彼长。

科学家们在20世纪20年代末才确定火星是一个干燥的星球，并不适合地球意义上的生命的形成，因为火星上的大气压很低。即使这样，对于火星上是否有生命的猜想从未真正停止。

美国国家航空航天局在2014年1月24日报告说，火星探测车“机遇号”和“好奇号”接下来的任务将是探索古代生命的证据，其中包括基于化学自养微生物或自养光能生态圈。探索古代湖河有关的平原，希望这些沉积平原也许可为生命提供合适环境。换种说法就是美国国家航空航天局的首要目标是寻找化石、有机物等能为生命存在提供可能性的证据。

早在2000年，美国国家航空航天局利用火星卫星“环球探测者”号拍摄到了沉积岩的照片，所以美国国家航空航天局设定的这个目标并不是无端空想，这种因水流形成的沉积岩与地球十分类似的证据令有关专家判断，数十亿年前火星上确实有湖泊存在。

科学家们在南极发现一块火星陨石并进行了检测，赫然发现这块陨石内部存在呈长链状排列的磁晶体。而链中的每个磁晶体都是一粒很小的磁铁，这样的排列必须在微生物作用下才会形成，否则就会因磁力而崩塌。美国国家航空航天局在2001年宣布了这个重要发现。

有了这些证据，科学家们还是希望在火星上找到液态水的存在。我们已经知道火星上只有非常少量的以气态存在于大气层中的水，其余的水几乎全部以冰的形式存在于两极。虽然火星上的确没有前人设想的运河，但“水手9号”在1971年传回的图像表示，火星上竟然有巨大的河谷，这颠覆了许多人的观点。回传的图像显示，曾经有大洪水冲击出深深的河谷，冲破天然屏障，延绵数千公里。这就表示这个星球曾经有过降雨，因为在南半球还发现了一些支流。随着研究进一步展开，截止到2010年已经发现遍布火星表面有超过四万条大大小小的河谷。另外，火星上还发现了可与

地球上最大的湖相媲美的湖泊盆地，面积接近黑海。我们知道，火星的半径仅仅是地球的一半，如果火星上以前存在液态水，现在仍有液态水的存在，火星是否生长过微生物？火星过去是否存在生命？如果有，如今这些生命是否依旧存在？如果答案是肯定的，这是多么令人振奋的事啊！

美国国家航空航天局在过去的40多年间已将许多机械探测器送上火星，它的下一步目标是将宇航员在21世纪30年代送上火星。空间站上的宇航员将帮助美国国家航空航天局进一步提升深空探索所需的通信系统，也将为宇航员在太空中的身体健康方面提供指导和支持。目前人类火星探测计划还处在近地轨道空间站的初始阶段。

从这些复杂的观测中，我们知道了火星上没有运河，只有大大小小的河谷支流，小朋友，对于相当于黑海大小的湖泊你有什么想法？有的话可以在笔记本上展开大胆的猜测了。

22 天空中的“迷你地球”

火星是太阳系八大行星之一，属于类地行星，是太阳系由内往外数的第四颗行星，直径约为地球的53%。公转一周约为地球公转时间的两倍，自转轴倾角、自转周期均与地球相近。

我们已经知道火星基本上是沙漠行星，它橘红色的外表是地表的赤铁矿（氧化铁）造成的。火星没有稳定的液态水体，地表遍布砾石、沙丘。以二氧化碳为主的大气又寒冷又稀薄，每年常有尘暴发生，沙尘悬浮其中。火星两极极冠有随着季节消长的水冰与干冰。地质活动不活跃，有最大的峡谷——水手号峡谷，还有密布的陨石坑、火山与峡谷，包括太阳系最高的山——奥林帕斯山。地表地貌大部分于远古较活跃的时期形成。

火星另一个独特的地形特征是南北半球的明显差别，北方是较年轻的平原，南方是古老、充满陨石坑的高地。火卫一和火卫二是火星两个天然的卫星，形状不规则，可能是它捕获的小行星。我们在地球上，用肉眼就可以看见，最高亮度可达 -2.9 等。在八大行星中火星比金星、木星暗点。

美国宇航局的科学家在 2015 年 9 月 28 日宣布火星存在流动水。火星上原始海洋的水超过了地球北冰洋的海水总量，这个消息让科学家非常兴奋。让科学家担心的是，火星上大约 87% 的水消失了，火星已经失去了

大量水分，这些水分是怎么消失的？如果我们能够揭开火星海洋的失踪之谜，对地球的演化有所帮助。科学家杰罗尼莫·维拉纽瓦（Geronimo Villanueva）在位于马里兰戈达德太空飞行中心称，他们的研究为古老火星液态水总量提供了科学数据，确定了火星在过去数十亿年内失去的水量。

科学家发现火星上的海洋存在时间几乎是太阳系形成之后的数亿年，大约在43亿年前，当时火星上的海洋平均深度达到450英尺（约为137米），与地球海洋大陆架的水深差不多，深度比台湾海峡的平均水深还大。科学家根据火星当前的地形结构绘制出火星海洋的分布特点，从图中我们可以看出火星海洋最深的地方可能超过1英里，大约为1.6千米。

根据凯克天文台、夏威夷红外望远镜、欧洲南方天文台大望远镜观测数据，科学家在火星大气中发现了我们非常熟悉的HDO、H_2O，前者是半重水成分，该物质在地球上的储量也非常多。科学家要确定有多少水向太空逃逸，就得通过比较HDO和H_2O的比例来推算火星失去水的总量。研究人员为了得出更加精确的数据，观测时间历时六年之久，相当于三个火星年。火星南北极地区令科学家非常感兴趣，因为这里冰盖的总水量非常可观，是火星上的“大水库”。

研究人员通过对极区冰盖的测算，确定火星失去的水总量大约相当于当前极地冰冠的6.5倍，也就是说古老火星的海洋至少有2000万立方千米。火星如果不是失去了太多的水，湿润的时间可能持续更久，这样火星可居住的时间也更长，戈达德的资深科学家迈克尔这样认为。

欧洲空间局在2016年和2018年也会开展ExoMars火星任务，美国宇航局正在火星探索的平台有“机遇号”和“好奇号”火星车、火星勘测轨道飞行器飞船、奥德赛探测器以及MAVEN轨道器。美国宇航局计划2020年还会发射一艘新的火星车，共同研究这颗曾经存在液态水和海洋的太阳系行星。

我们已经知道在太阳系中火星是地球轨道以外最近的第一颗行星，也

是地球的近邻。当火星离地球最远时，彼此相距约 4 亿千米；最靠近地球时，相距才 5500 万千米，约为月球与地球距离的 150 倍。

火星的质量约为地球的 1/10，表面的重力是地球表面重力的 2/5，火星的直径是 6794 千米，约为地球直径的 53%，因此在火星上发射宇宙飞船要比在地球上发射更容易。

火星上一昼夜比地球上的一昼夜长半个多小时，因为火星自转一周约需 24 小时 37 分钟。如果站在火星上，和地球上一样可以看到群星东升西落。

地球绕太阳公转一周所需约为 365.24 天，是地球上的一年。火星同太阳的距离约为太阳地球距离的 1.5 倍，绕太阳公转一周所需的时间就是一个“火星年”，约等于地球上的 1.88 年，相当于地球上的 687 天，668.6 个“火星日”。在火星上的人一年之中可以看到 668 次或 669 次日出日落。我们已经知道地球的自转轴与公转轨道平面的夹角为 66.5°，自转轴并不恰好垂直于地球的公转轨道平面，而是倾斜了约 23.5°，导致了一年的四季变化。火星上季节变化的方式与地球很相似，因为火星自转轴与火星公转轨道平面的夹角约为 65°，而且火星也像地球那样可分为寒带、温带、热带。火星也有一层大气，但比地球大气稀薄而少云。火星也有南北两极，各有一个白色的“极冠”，就像地球两极覆盖的冰层。

知道了这些，小朋友是不是觉得火星宛如一个“袖珍的地球”。其实呀，火星和地球还是有很大差异的。最为突出的，地球上生机盎然、物种繁多，出现了人类文明；火星上呢，有没有生命至今还是未知数。不管怎么说，火星和地球是最相像的两颗行星。也许以后我们可以将火星改造成为人类的又一个家园，这样我们又多了一个生存空间。

23

火星大尘暴

据美国趣味科学网站（space. com）报道，科学家正密切关注火星上日前形成的一场较大的尘暴。

康奈尔大学的史蒂文·斯奎尔斯（Steven W. Squyres）是火星探测计划的首席科学家，他说："火星这场尘暴现在还是区域性的，尘暴覆盖半个星球的表面并不稀罕。目前还不能确定这场尘暴的具体规模，但其直径似乎有数千英里，绝不是场小飓风，这是我们观测到的火星上最遮天蔽日的尘暴之一。"

我们用天文望远镜观测火星时，会看到黄色云，云的形状和大小就如我们在地球上看到的云一样有变化。火星上的云由大气低层向高层，由局部向更广阔的区域发展开去，发展到半个乃至整个火星表面，使火星变得昏暗和面目模糊，什么也看不清楚，这就是火星大尘暴了。

地球上有些地区也经常发生尘暴：遮天蔽日、飞沙走石。地球上最大的尘暴也比不上火星的尘暴，火星上一次大尘暴扬起的尘埃总量可以达到100亿吨以上。

火星大尘暴的时间之长，地球上的尘暴是不能相比的。1971年5月底，以探测火星为主要任务的"水手9号"探测器发射成功，开始兴冲冲奔向

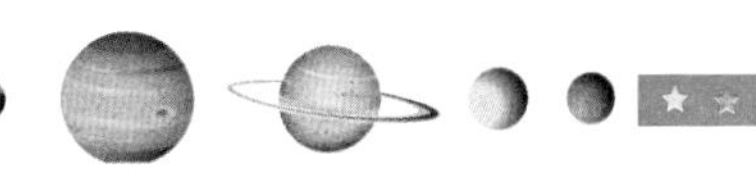

探测目标。因为远在好几千万千米之外的火星的气象条件相当好。7月探测器只走了约 1/3 的路程，地面观测就发现火星面上出现了黄云，表面变得一天比一天昏暗模糊，这表明那里开始刮起了大风，是即将出现大尘暴的迹象。“水手9号”11月到达火星附近时，从火星表面直到七八十千米外的高空，统统被尘埃笼罩着，火星表面风尘滚滚，什么也看不清楚，更不要说观测细节了。大尘暴已经发展成为火星全球性的。

在地球上，一般把风力极大的台风定为12级。当时火星上的风速特别大，大致为每秒180米以上。在地球上即使是18级特大台风，风速也只有每秒60多米。地球与火星上的风速相比，真是小巫见大巫。

“水手9号”探测器只得环绕火星飞行耐心地等了两三个月，这场大尘暴慢慢平息下来，火星表面也变得清晰可见，火星大气重新恢复宁静。1971年的这场尘暴在其他行星上从未见过，是迄今所观测到的最大尘暴。

我们已经知道火星大气密度还不到地球大气的1%，非常稀薄，想要形成一定的风力，使尘粒移动和上升，风速至少也得有每秒四五十米。

尘暴是怎么起来的呢？

有人是这样认为的：由于火星上昼夜的温度差太大，空气稀薄，又很干燥。加上火星绕太阳的公转周期是687天，每隔一段时间，火星运行到轨道近日点时，太阳对它的加热比在远日点时大一半左右，空气得到更多的热量，热空气上升导致扬起尘埃。而尘埃一旦升在空中，它们就会吸收更多的热量，变得更热，更急剧上升。流浪在别处的空气就以更快的速度跑来补充，形成强劲的地面风。地面风会火上浇油把更多的和更大的尘粒吹起来，形成更大的尘暴。尘暴就这样肆无忌惮由小变大，向四面八方蔓延开去，形成罕见的大尘暴。

由于尘粒的阻挡，整个火星都被笼罩起来后，太阳对低层大气和火星表面的加热作用显著减小，火星地表附近的温差首先减小，风就减弱，尘暴也就开始衰退。风逐渐减小乃至完全平息下来，飘浮在空中的各种不同

大小的尘粒也就逐渐沉降到表面上来。这时局部地形由于大量尘粒的迁移会有所改变，一次尘暴就这样烟消云散地过去了。

在火星亚热带高地和极冠边缘等处，风比较强的一些地方，区域性的尘暴时有发生。这样的区域性尘暴在每个火星年当中有可能达到百次左右，一般都要好几个星期才平息。这真是火星上的一大特征和奇观。

每个火星年中有一两次从区域性尘暴发展成为全球性大尘暴。让人困惑的是，尘暴的发源地多数在火星的南半球，特大尘暴的发源地更是局限在几个特定的地区。比如海腊斯盆地以西几百千米的诺阿奇斯地区。南半球成为一个高度逐渐降低的斜面，是因为火星北半球地势比较高。更由于南、北两半球之间存在的温度差，每当北半球高纬度地区形成了一股强风，它就会沿着斜面向南半球使劲吹，风越刮越大，尘埃就随着强风滚滚而来，尘埃越来越多，终于在南半球形成可以席卷全球的大尘暴奇观。

上述解释大体上讲了大尘暴是什么样的，不是令人十分满意，因为没有完全讲清楚为什么是这样的。

按照常理说，火星大气的密度稀薄不可能扬起尘暴、特别是大尘暴，每秒数十米到上百米的大风不会那么容易刮起来。火星上风速之大，时间之长都达到了我们几乎无法理解的程度，这究竟是怎么回事呢？

还有那些与特大尘暴有关的特定区域，是由于地形特殊，还是由于其他什么原因，而成为多数尘暴的发源地呢？

如果说火星运行到轨道近日点时会发生大尘暴，并非每个火星年的同一时候都会发生全球性的大尘暴。就是发生的大尘暴发展速度和规模也不尽相同。这样就说明尘暴发源地所提供的条件一定是受到了什么因素的影响。

科学家期望着人类登上火星，进而在那里建立基地，并不是可望而不可即的事情了，今后发射的新的火星探测器和着陆器能够提供更加能说明问题的数据和证据。等到21世纪的某个时候，人类的足迹真的踏上了火星，那时候大尘暴的种种谜团就会得到揭穿，我们期待着这一天的早日到来。

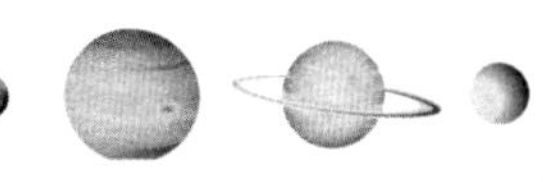

24 美丽的风景在木星

在八大行星里，颜色最丰富、形体最大的就是神奇木星了。木星和地球一样有极光，亮度超过地球极光 100 倍。

木卫一（木星的第一卫星）喷射的带电粒子的交互作用以及木星自身的旋转导致了木星的极光。

木星还有光环，光环系统由黑色碎石块和雪团等物质组成，是太阳系巨行星的一个共同特征。木星的光环分成四圈，很难观测到，它没有土星那么显著壮观。光环绕木星旋转一周需要大约 7 小时，约有 9400 千米宽，但厚度不到 30 千米。

木星在众行星中出类拔萃，是个伟岸的大家伙，不但质量大，体积也大。如果把地球和木星放在一起，就如同芝麻和西瓜之比一样悬殊。它的质量是太阳系中其他 8 颗行星加在一起的二倍半，体积相当于地球的 1316 倍。

木星虽然巨大无比，但它的自转周期为 9 小时 50 分 30 秒，自转速度是太阳系中最快的。这样快速的自转周期在木星表面造成了极其复杂的花纹图案，两极相对扁平，赤道隆起并出现与赤道平行的云带，促使气流与赤道平行，产生了巨大的离心力。木星的云带颜色和温度不同，云带分为

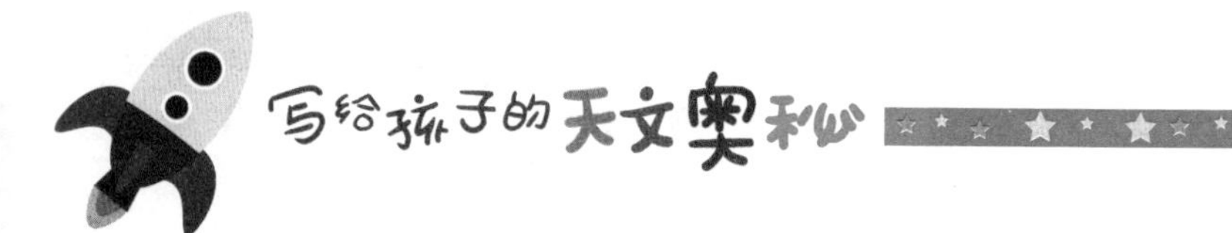

好几层，暗区的云层由氨化物组成，叫作带；亮区的云层由氨冰组成，颜色鲜明，叫作区；还有橙色、白色、褐色等，以红棕色为主。

木星转得太快，表面的大多数特征变化快速，有些标记具有持久和半持久的特征，最熟悉的特征要算大红斑了。

大红斑长达 2 万多千米、宽约 1.1 万千米，位于赤道南侧的一个红色卵形区域。从 17 世纪中叶，人们就开始对它进行时断时续的观测，在有些年代中大红斑变得色彩艳丽显眼，在其他时间显得暗淡，只略微带红有时只有红斑的轮廓。

从“旅行者”1 号发回的照片我们可以清晰地看到：大红斑宛如一个逆时针方向旋转的巨大漩涡，其浩瀚宽阔足以容纳好几个地球。科学家们认为，大红斑是耸立于高空、嵌在云层中的强大漩风，或是一团激烈上升的气流所形成的，因为在木星的表面覆盖着厚厚的云层。

木星上的斑状结构一般持续几个月或几年，它们的共同特点是在南半球作逆时针旋转，气流从中心缓慢地涌出，然后在边缘沉降，遂形成椭圆形状；在北半球作顺时针方向旋转。它们相当于地球上规模要大得多、持续时间也长得多的风暴。

木星大气有着十分活跃的化学反应，这些都表现在木星云的绚丽多彩上。在探测器拍摄的照片上，从南极区到北极区依稀可辨 17 个云区或云带，可以看到木星大气明暗交错的云带图形。它们的亮度、颜色均不相同，也许是氨晶体所组成。蓝色部分则显然是顶端云层中的宽洞，通过这些空隙方可看到晴朗的天空；褐色云带的云层要深些，温度稍高，因而大气向下流动；红云的温度最低、蓝云的温度最高。

令人不解的是，如果按平衡状态而言，所有的云彩都应该是白色的，只有当化学平衡被破坏后，才会出现不同的颜色，那么是什么破坏了化学平衡呢？根据判断，大红斑是一个很冷的结构。科学家们推测，不同的颜色可能是高能光子、荷电粒子、闪电，或是沿垂直方向穿过不同温度区域

的快速物质运动造成的。

有人认为大红斑中上升气流形成的云中放电现象导致了大红斑的橙红色。来自美国马里兰大学的波南贝罗麦博士做了一个有趣的实验：他在一只长颈瓶中放上木星大气中存在的一些气体，如氨、氢、甲烷等，他对这些气体施加电火花作用之后，发现原先无色的气体变成云状物，一种淡红色的物质沉淀在瓶壁上。这个实验为人们解开大红斑颜色之谜似乎提供了某种有益的启示，磷化物可以说明大红斑的颜色。

卡西尼发现大红斑已有300多年了，有人猜测，它能持续如此长的时间，主要原因是木星大气又密又厚。

大红斑和木星上其他卵形结构的大气，主要存在两个问题：一个是能源问题，一个稳定涡流如果没有能源维持，很快就会下沉。另一个是这些斑状结构必须是稳定的，不然它们只能存在几天。

根据最新的估计，大红斑大小可能缩小了1000千米，大约为621英里。对于大红斑为什么会出现变小的趋势，科学家仍然不得而知。科学家艾米·西蒙（Amy Simon）认为大红斑外围风圈的缩小可能与内部的小型涡流有关，大红斑其实就是这些小涡流的组成部分。如果大红斑的外部结构变小，说明它内部的涡流受到了某种因素的干扰。

从2012年开始，业余观测者也发现大红斑出现了缩小的迹象，其年变化速率大概在500英里左右。这说明大红斑的内动力仍然较强，也出现了能量减少的迹象，也许与木星大气层中发生的某些事件有关联。

巨大的木星有如此绚丽的外表，引起了科学家和天文爱好者的极大兴趣，有条件的小朋友也可以到天文台仔细观察木星上的大红斑，看看有没有新的发现。

25

木卫二上面的海洋

我们都知道非常霸气的木星有四大护卫，四大护卫捍卫着这巨无霸在天界称王称霸，还吞噬彗星，干着坏事。撇下三大护卫不提，我们专门看看老二，这个老二有什么了不起的地方，它会造反成为老大吗？

木卫二是木星的第二护卫，我们已经知道它表面温度在赤道地区平均为110K（-163 ℃），我们去了，就会冻成冰棍。两极更低，只有50K（-223 ℃）。这样即使有水也是永久冻结的。

“伽利略号”木星探测器是美国航宇局发射的，该探测器最新发回的图像表明：木星表面上的冰幔只有1～2千米厚，有大量的液态水，并有内部火山热源存在。这增大了人们搜寻到地外生命的可能性，因为这是迄今为止关于某个地外天体上有液态水存在的最强有力的证据。

木卫二上似乎有一些冰山漂浮在被冰覆盖的海面上。这些冰山最大的有13千米宽，可以明显地看出是从带沟槽的地带上断裂下来的。这是伽利略探测器在离木卫二仅586千米处飞过时拍摄的照片显示的。照片上的特征与地球北极区照片的相似程度令科学家感到吃惊。因为这次发现的冰山是漂浮在液体上，而不是在具有可延性的地幔上。

经过观测，冰山的厚度应在1～2千米，从冰山投下的阴影可以算出

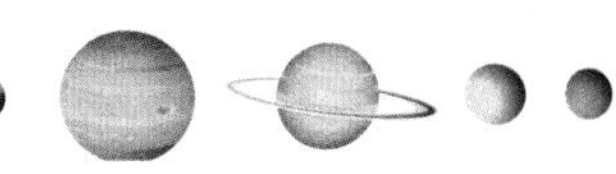

它们比周围的冰海高出 100 ～ 200 米。地球冰的密度比液态水低约 10%，那么冰山约 90% 的部分应在冰面以下。

这里形成年代可能还不到 100 万年，照片显示这片冻结的海面上有两处撞击坑，这增加了这片区域是新形成的、还存在液态水的可能性，而且这种现象在木卫二的其他地方可能也存在。

美国宇航局还发现在木卫二的冰层下方存在一个水量大致相当于北美地区著名的五大湖的水量总和的巨大咸水湖泊。湖泊位于木卫二的地表冰层下方大约 3 千米处，这一发现让科学家认为木卫二是除了地球之外太阳系中最适合生命生存的环境之一，它代表了太阳系中人类发现的最新一处潜在的生命孕育所。

卡内基研究所、月球和行星研究协会和加州大学圣克鲁兹分校的科学家联合发现木卫二的极地旋转轴偏移了近 90 度，像这样的极端变化表明在木星冰壳表面之下蕴藏着液态海洋，这将进一步说明木卫二很可能孕育着地外生命体。该研究报告发表在《自然》杂志上。

马特苏业马认为："旋转体需要在最大程度的旋转轴变化基础上寻求稳定平衡。对于木卫二而言，其外壳的厚度不一致将导致很大程度上的不平衡，木卫二在运行中必须改变旋转轴寻求新的稳定状态。"木卫二极地旋转轴猛烈的偏移很可能是由于极地表面以下存在着厚厚的冰层。这项研究暗示着木卫二内部有液态水存在，科学家从宇宙飞船拍摄的照片就猜测这颗行星有广阔的地下海洋，这些照片还揭示了木卫二表面以下有断裂的冰。其实木卫二重力作用形成的潮汐力可将地下冰壳海洋加热成为液态水，地下海洋就算切断了太阳能来源，热量和液态水也可以孕育生命。那也就是说，这厚厚的冰层下极有可能有生命存在。

1979 年"旅行者 1 号"和"旅行者 2 号"探测木星时就发现，木卫二表面上分布着弯曲条纹，像个冰与奶油巧克力混合的大球体，科学家们分析研究该卫星表面覆盖着 5000 米厚的冰层，冰层下面可能有一个深达 50

千米的海洋。

从1996年伽利略号在距离木卫二16万千米处拍摄的照片上看，这颗星球呈现出冰壳状，表面裂缝交错，像地球两极的浮冰，说明冰层曾受到巨力的作用。科学家们研究后认为，这种力是由木卫二和木星及其他三颗木星的卫星之间的引力形成的潮汐力，其作用不仅形成木卫二的表面特征，还使其内部的水以液态存在。

1996年末，伽利略号从距离木卫二688千米处经过时拍摄的照片显示，木卫二表面有水流存在。科学家们说，这种现象表明木卫二内核很热，大量热能从火山口或热泉眼喷发出来，导致表面部分冰层融化。

1997年1月，伽利略号用磁强计对木卫二的磁场进行的探测显示，这个内在导电层的导电率和含盐海水一样强。木卫二只能有一个内磁场才能解释获得的结果。这样科学家们再次得出木卫二上可能有海洋的推论。1998年12月伽利略号拍摄的照片显示，木卫二南部有一条长达800米的裂缝。木卫二表面裂缝位置发生了变化，这些断裂缝是表层下的海洋流动造成的。

2002年9月格林伯格研究所在研究了木卫二表面裂缝照片之后宣称，木卫二冰层较薄，观测到的表层裂缝可使热量、气体和有机物质接触到表层下面可能存在的水。我们可以这样认为，木卫二可能存在的海洋同地球上的北冰洋相似。北冰洋能通过冰层的裂缝接触热量和空气，木卫二上的海洋也能通过冰层裂缝与外界接触。

科学家们经综合分析研究认为，木卫二内部还有一个金属核，核外是石质的壳，壳外是液态水海洋，海洋表面是冰层。

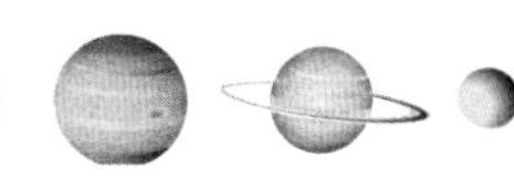

26

蓝色的土星大气

土星在八大行星里是最养眼的，为什么呢？因为只有土星和地球颜色接近啊，它有蓝色的外表，带着很多的卫星（已经确认的土星的卫星总共有62颗）漫步在太阳系，可谓一个大将军般耀武扬威。土星至太阳距离（由近到远）位于第六，体积则仅次于木星，为太阳系八大行星之一，与天王星、木星及海王星同属类木行星。在古代中国亦称之镇星或填星，欧洲古代和古希腊称土星为克洛诺斯星。

土星主要由氢和少量的氦与微量元素组成，内部的核心包括冰岩石，外围由数层气体和金属氢包裹着。土星的风速高达1800km/h，明显比木星上的风速快。土星的行星磁场强度强于木星。最外层的大气层在外观上虽然有时会有长时间存在的特征出现，通常情况下都是平淡的。

我们可以通过望远镜直接观测到土星有一个显著的行星环，光环由冰的微粒和较少数的岩石残骸以及尘土构成。土星的内部结构与木星相似，即有一个被氦和氢包围着的小核心，其构成与地球相似但密度更高。在核心之上，还有更厚的液体金属氢层，再上是数层的液态氢和氦层，最外层是厚达1000千米的大气层，土星也存在着各种形态冰的踪迹。核心区域的质量大约是地球质量的9～22倍。土星的内部非常热，核心的温度高达

11700℃。大部分能量是由缓慢的重力压缩（克赫历程）产生，辐射到太空中的能量是它接受来自太阳的能量的 2.5 倍。这还不能充分解释土星的热能制造过程。在土星内部深处，液态氦的液滴如雨般穿过较轻的氢，在此过程中不断地通过摩擦而产生热。

土星外围的大气层由 96.3% 的氢和 3.25% 的氦构成，还有氨、乙炔、磷化氢、乙烷和甲烷。较低层的云则由硫化氢铵或水组成，上层的云由氨的冰晶组成。土星大气层中氦的丰盈度比太阳所含有的丰富的氦明显低得多。

我们对于土星上比氦重的元素含量所知不甚精确，假设与太阳系形成时的原始丰盈度是相当的，这些元素的总质量是地球质量的 19 ～ 31 倍。大部分元素都存在于土星的核心区域。

土星的上层大气与木星都有一些条纹，只是土星的条纹比较暗淡，赤道附近的条纹比较宽。“航海家”计划的数据显示土星的东风最高可达 500m/s（1800km/h），风速是太阳系中最高的。航海家探测器飞越土星比较纤细的条纹才被观测到。从那之后，望远镜也被改善到在通常情况下都能够观察到土星的这些细纹。土星大气从底部延展至大约 10 千米高处是水冰构成的层次，温度大约是 -23℃。延伸出另外的 50 千米，温度大约在 -93℃是硫化氢氨冰的层次；80 千米之上的是氨冰云，温度大约是 -153℃。200 ～ 270 千米可以看见云层顶端，是由数层氢和氦构成的大气层。土星的大气层偶尔会出现一些持续较长时间的长圆形特征，通常都很平静。

哈勃太空望远镜 1990 年在土星的赤道附近观察到一朵极大的白云，这是大白斑的一个例子，另一朵较小的白云风暴在 1994 年又被观察到。这是在每一个土星年（大约 30 个地球年），当土星北半球夏至的时候发生的独特短期现象。之前的大白斑分别出现在 1876、1903、1933 和 1960 年，1933 年的大白斑最为著名。如果这个周期能够持续，下一场大风暴将在大

约 2020 年发生。小朋友可以在这几年好好准备，等到 2020 年，就可以记录你们美好青春年华的一次精神盛宴了，这才是更有意义的人生开始噢。

再提供一个线索，土星的北半球曾经呈现与天王星相似的明亮蓝色，这种蓝色可能是由瑞利散射造成的，可惜当时土星环遮蔽住了北半球，从地球上无法看见这种蓝色。“卡西尼”号太空船却拍摄到了最新图片，让我们间接看到了蓝色行星的神秘美。下次再出现这种蓝色的美时，有心的小朋友都可以欣赏到。

27

“活”着的土卫二

在旅行者号于 1980 年探测土星之前，人们只知道土卫二是一个被冰覆盖的卫星。科学家们在 2008 年观测到了从土卫二表面喷出的水蒸气，证明了该卫星上存在着液态水，并支持了土卫二有可能存在生命的观点。我们是不是有熟悉的感觉？在木卫二的上面也存在海洋，也可能有生命的存在，为什么都是老二卫星存在这种情况呢？它们会不会存在另一种奇迹，真希望在土卫二上面有人类盖的摩天大楼。就这样幻想一下，继续严肃的天文之旅，揭示土卫二的本来面目。

卡西尼号提供的资料显示，在土卫二的冰冻表面之下可能存在着一个全球性的海洋，卡西尼号还对捕获的冰晶颗粒进行分析：这些由盐水凝集而成的冰晶颗粒只会发生于大面积的水体中。还有一种观点认为土卫二上分布着广泛的溶洞，这些溶洞之中充满了液态水，而不是大面积的海洋。

“卡西尼”号探测器 2005 年发现土卫二南极分布着一些被称作“虎纹”的平行条带状地貌，并有冰屑间歇泉喷出，因此猜想土卫二可能有一个“地下海”。“老虎斑纹”结构区域应该是水蒸气喷雾和其他粒子从该星体上扩散形成的。最新研究报告显示，卫星地质涂平现象和表面冰壳的搅动现

象和裂缝喷射物质有直接的联系，这些现象可用于解释土卫二过去地质历史的空白。

土卫二

土卫二喷射的物质是星体表面以下的液态水，在喷射的羽状物中亦发现了奇特的化学成分。因此土卫二也被认为是天体生物学的重要研究对象，也是外太阳系中迄今为止观测到存在地质喷发活动的三个星体之一。喷射现象也为E环的物质来源于土卫二的观点提供了重要证据。

科学家在2009年8月13日对外公布了土卫二南极地区喷射出的水蒸气分析的最新结果：在冰晶颗粒中发现了高浓度的盐分，诸如尘埃颗粒和碳酸盐等有机化合物的踪迹。这有力证明了在该卫星表面下面存在着一个海洋。只要进行深层钻探，就能掌握其中的尘埃颗粒，甚至可能提供关于海洋的细节情况。

日本媒体2015年3月12日报道：日本海洋研究开发机构、东京大学等与欧美的国际团队一道，在土星的二号卫星——土卫二上发现存在热水的环境。这是人类首次在太阳系中发现存在于地球之外的可供生命存在的环境。

美国宇航局“卡西尼”探测器最新观测数据显示：土卫二的表面冰壳被搅动出现周期性的冰层融化的热气泡，这将解释土卫二表面奇特的热反应现象和表面特征。

“卡西尼”号探测器合成红外光谱仪器探测到土卫二南极区域相当于最少 12 个发电站供给流动的热量，至少达到 10 亿瓦特。土卫二地热资源是地球地热区域产生地热资源平均值的 3 倍，尽管土卫二的质量比地球小。卡西尼探测器的中子和离子质量光谱仪器通过排除氩气发现了这些地热资源区域，这些地热资源区域显示出了岩石放射衰减性。

美国加利福尼亚行星科学家弗朗西斯・尼莫（Francis Nimmo）说：“卡西尼探测器现观测到处于打饱嗝状态的土卫二，表面骚动时期十分罕见，很可能这颗卫星正处于一个特殊的地质纪元。”

现在，科学家相信放射性衰变和潮汐效应共同提供了液态水存在所需要的热量，土卫二地壳之下液态水的存在表明在其内部存在着内部热源。因为唯独潮汐效应是无法提供如此多的热量的——如土星的另一颗卫星土卫一（轨道离心率更大）即比土卫二更为靠近土星，这意味着相比于土卫二，该卫星受到了更为强大的潮汐效应的影响，但是土卫一老旧而布满创伤的表面则表明早已停止了地质活动。

土卫二北半球的陨坑历史可追溯至 42 亿年前，靠近赤道的“Sarandib Planitia”区域的历史可追溯至 0.17 亿～ 37 亿年前，而南半球的历史却不足 1 亿年，甚至部分区域仅形成于 50 万年前。土卫二不同区域表面地质年代具有很大的差异性，这可能是它也在不断吞噬小行星或者彗星造成的。也就是说，土卫二的形成在 42 亿年前，慢慢吸收别的星体，填充自己。水源也就是在这样的过程里集聚的。

美联社分析说，若经证实，土卫二便具备了产生生命的三大条件：有机物和液态水、持续的热源。丹尼斯・马特森说：“以土卫二的内部条件，告诉我们，它曾经或仍然可能发生生化反应。”

未来学家弗里曼・代森（Freeman Dyson）和美国普林斯顿大学的物理学家表示：在地球北极地区就发现有开花植物，寒冷的土卫二上也可能存在开花植物这样的生命，因为北极和木卫二的环境非常类似，太空船应该

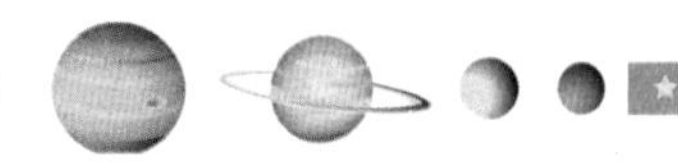

在木卫二上很容易发现花朵。

根据这些和地球雷同的资料，我们可以确定，土卫二正在酝酿着一场大风暴，这场风暴可能就是生命。不管是植物还是动物，它也许就是地球形成之初的状态。小朋友如有兴趣可以继续观测土卫二之后的变化，和它一起快乐成长。

28

土卫八长着“阴阳脸”

如果从太空中观察太阳系的星球，会发现只有我们的地球是一个色彩最多样化的星球，其他的星球如火星是单调的红色，天王星和海王星是呆滞的蓝色，即使斑斓的木星也不过是用粗线条画出了一些带纹，它们都是物体的本色。但黑白分明、让人联想到人的双面性格的星球，在我们的星系中还真有一个，而且仅有一个。

这个仅有的就是土星第八颗卫星——土卫八，因为它的表面一半呈亮白色，另一半呈黑色，被科学家戏称为“阴阳脸”。土卫八两个半球亮度反差巨大的原因一直困扰着科学家。

“卡西尼”号土星探测器传回的最新图像已基本揭晓这一“阴阳脸”之谜，主要原因可能缘自太阳光。

来自意大利的天文学家乔瓦尼·多美尼科·卡西尼（Giovanni Domenico Cassini）于1671年首先发现土卫八。

土卫八距离土星356万多千米，直径为1436千米，中间部分突出，遍布高山，整体呈独特的胡桃状，是太阳系中已知唯一一颗形状仍然与数亿年前一样的星球。土卫八表面主要为冰土混合层，是一颗冰冷卫星。它最大特点是朝向其轨道前进方向的一面总是黑如沥青，中间没有灰色地带，

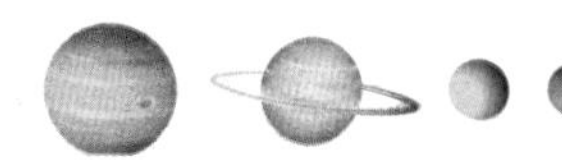

另一面亮白如雪，因而被称作“阴阳脸”。“阴阳脸”与土卫八表面的黑暗物质有关。关于这些未知黑暗物质的来源，科学家有两种解释：

土卫八

一种解释是“空降说”：德国的天文学家蒂尔曼·登克（Tilmann Denk）认为：来自其他卫星的粉状物质降落在土卫八正面之后，朝前的这一面与这颗卫星其他部分看起来截然不同。

另一种解释是“自生说”：土卫八公转时间较长，绕土星一周需79.33个地球日，当土卫八缓慢地绕土星公转时，前面半球表面产生一层薄的黑暗物质，增强冰层对阳光的吸收。

根据“卡西尼”号土星探测器近距离飞越土卫八时传回的高分辨率图像，科学家认为这些未经加工的原始照片说明，“空降说”和“自生说”都可以解释，这些黑暗物质帮助土卫八前面半球的冰层吸收阳光。不管是来自其他卫星还是内部，这些黑暗物质导致土卫八黑暗的半球表面蒸发率也随之上升，温度逐渐升高，最终这一半球的表面冰层就开始全部融化了。

经过“卡西尼”号探测器对土卫八的红外观测证实，这颗卫星上的冰层产生水蒸气是因为这些粉状的黑暗物质温度接近-146℃。这些水蒸气随后在最近的“冷点”（附近温度最低的位置点）液化。这些“冷点”分布在后面半球的低纬度冰层等区域或者两极地区周边。这样，后面半球表面的冰层变厚，反射阳光增加，因而变得更亮，前面半球表面的黑暗物质所

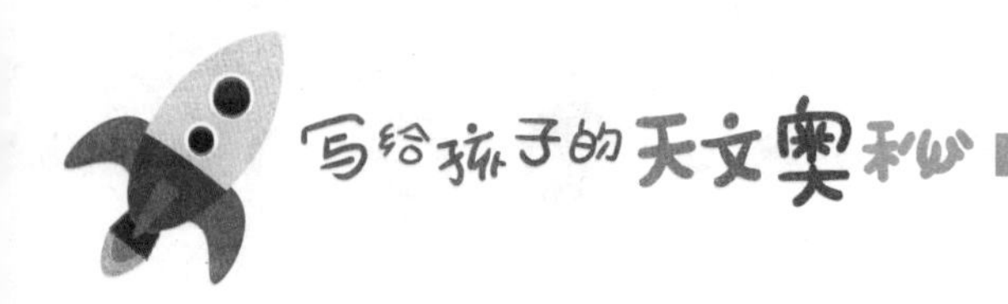

在冰层变薄，反射阳光减少，因而变得更暗。在公转和自转作用下，这一循环得以维系，两个半球间也因此没有产生灰色地带。天文学家将其称为“出逃过程”。

星球的世界需要色彩，黑白的世界其实更具有个性，尤其是在遥远的宇宙中……

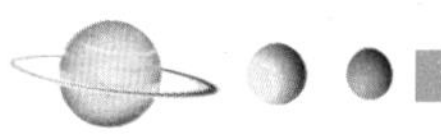

29

土星光环中的“螺旋桨”

1659年荷兰学者克里斯蒂安·惠更斯（Christiaan Huygens）证实了，1610年意大利天文学家伽利略观测到，在土星的球状本体旁奇怪的附属物是离开本体的光环。1675年意大利天文学家卡西尼发现土星光环中间有一条暗缝（后命名为卡西尼环缝），他还猜测光环是由无数小颗粒构成。在随后的二百年间，土星环通常被看作是一个或几个扁平的固体物质盘。直到1856年，英国物理学家麦克斯韦（James Clerk Maxwell）从理论上论证了土星环是无数个小卫星在土星赤道面上绕土星旋转的物质系统。两个多世纪后的分光观测证实了卡西尼的猜测。

土星光环

在空间探测前，从地面观测得知土星环有五个，其中包括两个暗环（D环、E环）和三个主环（A环、B环、C环），都位于土星的赤道面上。A、B两环之间为宽约5000千米的卡西尼缝，产生环缝的原因是因为光环中有卫星运行，卫星的引力造成的。B环宽又亮，它的内侧是C环，外侧是A环。B环的外半径116500千米，宽度25000千米，内半径91500千米，可以并排安放两个地球。A环的内半径121500千米，外半径137000千米，宽度15500千米。C环很暗，宽度约19000千米，它从B环的内边缘一直延伸到离土星表面只有12000千米处。1969年在C环内侧发现了更暗的D环，它几乎触及土星表面。在A环外侧还有一个由非常稀疏的物质碎片构成的E环，延伸在五六个土星半径以外。

“先驱者”11号在1979年9月探测到两个新环——F环和G环。很窄的F环宽度不到800千米，离土星中心的距离为2.33个土星半径，正好在A环的外侧。在离土星中心大约10～15个土星半径间的广阔地带还有个G环。“先驱者”11号还测定了A环、B环、C环和卡西尼缝的宽度、位置，结果同地面观测相差不大。“先驱者”11号还发现在土星的可见环周围有巨大的氢云环。

在土星上A环、B环、C环以外的其他环都很暗弱。从地球上看，土星的赤道面与轨道面的倾角较大，土星呈现出南北方向的摆动，这就造成了土星环形状的周期变化。

仔细观测我们可以发现，土星环内除卡西尼缝以外，在质点密度较小的区域还有若干条缝，大多不完整且具有暂时性。只有A环中的恩克缝虽然不完整但具有永久性。这些环缝就像木星的巨大引力摄动造成小行星带中的柯克伍德缝一样，科学家认为都是土星卫星的引力共振造成的。

“先驱者”11号测得恩克缝宽度为876千米，在A环与F环之间发现一个新的环缝，称为“先驱者缝”。美国天文学家基勒在1895年从土星环的反射光的多普勒频移发现土星环不是固体盘，而是以独立轨道绕土星旋转的大群质点。土星环是由分离质点构成的，因为土星环掩星并没有把被掩的星光完全挡住。从土星环1972年反射的雷达回波得知，环的质点是直

径介于 4 ～ 30 厘米之间的冰块。小朋友，谁能知道那些光环都是由冰块组成的呢？几万年不融化，在那儿旋转，想想都疯狂。

更令科学家吃惊的是探测器传回的土星照片，在近处所看到的土星环，竟然是一大片使人眼花缭乱的碎石块和冰块，它们的直径从几厘米到几十厘米不等，只有少量的超过 1 米或者更大。土星周围平面内有形状各异的数百条到数千条大小不等的环。大部分环是对称绕土星转的，也有不对称的，有残缺不全的，也有完整的和比较完整的。环的形状有辐射状的、锯齿形的。有的环好像是由几股细绳松散地搓成的粗绳一样，或者说像姑娘们的发辫那样相互扭结在一起，令科学家迷惑不解。令科学家大开了眼界而又伤透了脑筋的是辐射状的环，组成环的物质就像车轮那样，步调整齐地绕着土星转，显然违背了已经掌握的物质运动定律的。那些离得越远的碎石块和冰块运动的速度越快吗？这是一个什么样的规律在起作用呢？这一切仍在探索中。

2009 年 10 月 8 日美国航空航天局（NASA）的科学家发现土星周围存在一个“隐形”的可以容纳 10 亿个地球的巨大光环。NASA 喷气推进实验室称，该光环内侧距离土星约 595 万千米，宽度约 1190 万千米，它的直径相当于土星直径的 300 倍。该光环平面与土星主光环面成 27 度倾角。光环由冰和尘埃微粒组成，即使你站在光环上也看不清楚，它们之间的距离如此之大。另外照射到土星的太阳光线很少，但土星却散发出热辐射，光环反射出的可见光更少，令它难以被发现。组成光环的尘埃温度很低，仅有 -193℃。NASA 的斯皮策太空望远镜发现这个巨大的光环正是通过捕捉到这些热辐射。科学家们认为，光环内的冰和尘埃来自于菲比与彗星的碰撞，因为土星卫星“菲比”的轨道穿越该光环。

通过土星的光环我们可以得知，那些光环其实就是宇宙中的碎石块和冰块被土星的引力吸附，谁也不能把谁吞噬，一直在宇宙中苦苦挣扎，从而创造了这一奇迹。

30

听说天王星在“躺着”打滚

在宇宙中也有赖皮的孩子，它不老实好好站着玩耍，偏偏一直赖，躺着打滚，让我们看看是谁那么赖皮吧！原来就是体积在太阳系中排名第三，在太阳系由内向外的第七颗行星，质量排名第四，几乎横躺着围绕太阳公转的天王星啊！别看它号称天王，姿势可不是哦，完全是赖皮孩子的动作嘛。

其他行星的自转轴相对于太阳系的轨道平面都是朝上的，天王星的转动则像倾倒而被辗压过去的球。天王星的自转轴倾斜的角度高达 98°，可以说是躺在轨道平面上的，这样它的季节变化和其他的行星完全不同。当天王星在至日前后时，一个极点则背向太阳，另一个极点会持续地指向太阳。迅速的日夜交替只有在赤道附近狭窄的区域内可以体会到，其余地区则是长昼或长夜，没有日夜交替。但太阳的位置非常的低，有如在地球的极区。天王星好不讲道理，竟然让一个极被太阳持续照射 42 年的极昼，而另外一个极就要 42 年处于极夜。太阳正对着天王星的赤道就是接近昼夜平分点时，天王星的日夜交替会和其他的行星相似。

可以大致这样算，如果以日出日落一天为单位来计算，那么就是天王星一天，地球一年。

一年之中，天王星的极区得到来自于太阳的能量多于赤道，这就是轴的指向带来的结果，天王星的赤道依然比极区热。导致这种结果的机制仍然未解，就连天王星异常的转轴倾斜原因也不知道。科学家猜想是在太阳系形成的时候，一颗地球大小的原行星撞击到天王星，造成的指向的歪斜。这样就悲催了，天王星也不是情愿这样倾斜的。“旅行者”2 号在 1986 年飞掠天王星时，南极几乎正对着太阳。

科学家们在天王星和海王星研究方面取得的最新进展：天王星和海王星上或覆盖有大片液态钻石海，海面上还漂浮着类似于冰山的、体积庞大的固体钻石。这一发现可能有助于解释这两个星球的一些奇怪特性。原来那些科幻小说描述的钻石天体真的存在。

研究人员做了一项试验，把钻石放在与海王星一样的高温高压环境之下，检测钻石的变化。海王星的温度为 5 万℃，压力为地球零海拔的 1100 万倍。

实验结果显示，压力提高至零海拔 1100 万倍，钻石变成液态；之后再把温度提高至 5 万℃后，部分液态钻石会再次变成固体。奇怪的是，这些固态钻石就像是“钻石冰山”一样会漂浮在液态钻石之上。

科学家们认为，天王星和海王星磁极倾斜之谜源于钻石海洋，这两个星球的磁极偏离地理极 60 度左右，这也解释了为什么天王星和海王星 10% 的表面成分为碳元素。对于这样的钻石星体，小朋友有什么想法没？其实它们和地球上的土一样，不同的是，土可以繁殖万物，钻石却不行，所以还是好好珍惜养育我们的泥土吧。钻石毕竟是只能欣赏的，却不能用它来种出填饱我们肚子的粮食，而粮食才是活着的关键。

天王星的磁层在“旅行者”2 号抵达之前从未被测量过，很自然地保持着神秘。因为天王星的自转轴在 1986 年之前就躺在黄道上，天文学家盼望能根据太阳风测量到天王星的磁场。

航海家的观测显示天王星相对于自转轴倾斜 59° 的磁场是奇特的，它

不在行星的几何中心，磁极从行星的中心偏离往南极达到行星半径的1/3。这异常的几何关系导致一个非常不对称的磁层，在表面的平均强度是0.23高斯；在北半球的强度高达1.1高斯；在南半球的表面，磁场的强度低于0.1高斯。天王星与地球的磁场比较，前者两极的磁场强度大约是相等的，并且“磁赤道”大致上也与物理上的赤道平行，天王星的偶极矩是地球的50倍。其实海王星也有一个相似的倾斜和偏移的磁场，因此有人认为这是冰巨星的共同特点。

天王星的磁尾在天王星的后方延伸至太空中远达数百万千米，并且因为行星的自转像是拔瓶塞的长螺旋杆被扭曲而斜向一侧。

科学家曾猜想这可能是两个行星的薄外壳（由水、甲烷、氨和硫化氢组成的）带电流体循环流动的结果。美国哈佛大学杰里米·布洛克哈姆和萨宾·斯坦利利用数学模型检验了这个理论，指出产生磁场的循环层是海王星、天王星的薄外壳，而不像地球那样，是位于接近地球核心的外核。他们同时指出薄外壳的循环或对流运动实际上是行星产生怪异磁场的原因，因为行星中存在流动和运动的部分。

我们的地球有个厚而坚实的外壳，有了四季分明的气候。天王星和海王星因为外壳太薄，不得不躺着转圈，也不知道哪年能长结实了，站立起来。由此我想这难兄难弟是不是距离太阳太远，营养不良缺钙呢？

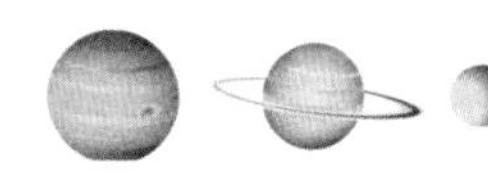

31 在笔尖上发现的海王星

1612年12月28日伽利略首度观测并描绘出海王星。1613年1月27日又再次观测到其位置在夜空中靠近木星（在合的位置），可惜的是这两次机会伽利略都误认海王星是一颗恒星。

法国天文学家布瓦尔（Alexis Bouvard）在1821年公布了天王星的轨道表，随后的观测使得布瓦尔假设有一个摄动体存在，因为观测显示与表中的位置有越来越大的偏差。

英国天文学家约翰·柯西·亚当斯（John Couch Adams）在1843年计算出会影响天王星运动的第八颗行星轨道。法国工艺学院的天文学教师奥本·勒维耶（Urbain Jean Joseph Le Verrier）在1846年，以自己的热诚独立完成了对海王星位置的推算。同一年，英国天文学家约翰·赫歇耳（John Herschel）说服詹姆斯·查理士（James Challis）着手进行以数学的方法去搜寻行星。

查理士在多次耽搁之后，在1846年7月勉强开始了搜寻的工作；同时，勒维耶也说服了柏林天文台的德国天文学家约翰·格弗里恩·伽勒（Johann Gottfried Galle）搜寻行星。正好完成了勒维耶预测天区的最新星图的，当时仍是柏林天文台的学生达赫斯特（Heinrich d'Arrest）表示

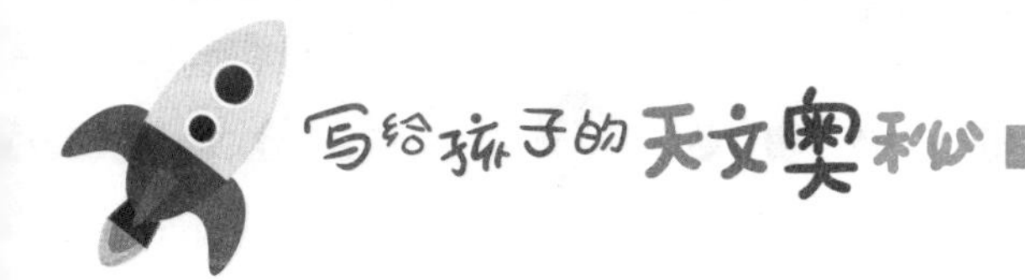

可以为寻找新行星时绘制与恒星比对的参考图。海王星在1846年9月23日晚间被发现了，与亚当斯预测的位置相差10°，与勒维耶预测的位置相距不到1°。事后，对这件工作漫不经心的查理士发现他在8月时已经两度观测到海王星，只是未曾进一步的核对。

这项发现由于有民族优越感和民族主义的影响因此在英法两国余波荡漾，国际舆论最终迫使勒维耶接受亚当斯也是共同的发现者。然而，史学家在1998年才得以重新检视天文学家奥林·艾根（Olin Eggen）遗产中的海王星文件（来自格林尼治天文台的历史文件，明显是被奥林·艾根窃取近三十年，在他逝世之后才得重见天日），在检视过这些文件之后，有些史学家认为亚当斯不应该得到与勒维耶一样的殊荣。这样，海王星被称为天王星外的行星，就是勒维耶的行星。伽雷是第一位建议取名为Janus（罗马神话中看守门户的双面神）的人。在法国，阿拉贡（Arago）建议称为勒维耶，以回应法国之外强烈的抗议声浪；在英国，查理士将之命名为Oceanus；法国天文年历当时以赫歇耳称呼天王星，同时，亚当斯在独立和分开的场合建议修改天王星的名称为乔治；而勒维耶经由经度委员会建议以Neptune（海王星）作为新行星的名字。在1846年12月29日斯特鲁维（Struve）于圣彼得堡科学院挺身而出支持勒维耶建议的名称。

海王星很快地成为国际上被接受的新名称。在罗马神话中的Neptune等同于希腊神话的Poseidon，都是海神，因此中文翻译成海王星。除了天王星之外，其他行星都是在远古时代就被命名的，新发现的行星遵循了行星以神话中的众神为名的原则。在印度，这颗行星的名称是Varuna（Devanāgar），也是印度神话中的海神，与希腊-罗马神话中的Poseidon/Neptune意义是相同的。在韩文、日文和越南文的汉字表示法都是“海王星”。

天文学家为了确定海王星轨道，对其位置作了数年之久的观测，以确定其运动速度和瞬时位置。牛顿的万有引力定律，准确地描述了行星沿特

定的运行轨道绕太阳公转。因此，用它便可预报行星和彗星的位置。然而，海王星的运动却出乎意料。

海王星的发现过程，实际上是牛顿万有引力定律的一次巨大胜利，万有引力定律能使天文学家根据已知行星所受到的引力来预见未知的行星，并且还能够测出它们的位置。

在科学界，科学家们承认海王星的发现权拥有者是伽勒、勒维耶和亚当斯。它充分说明了，在不同的国度，用不同的方法，都能够完成同一个伟大的发现。

同时也说明了发现一颗新星需要天文学家持之以恒的耐心，只要努力了，都会有成功的那天。海王星就是众多科学家的发现之旅的最好见证。

32

海王星的黑眼睛

“旅行者”2号探测器1989年8月25日飞越海王星，在距海王星4827千米的最近点与海王星相会，这是人类首次用空间探测器探测海王星，从而使人类第一次看清了远在距离地球45亿千米之外的海王星面貌。

这次发现了海王星的6颗新卫星，这样海王星的卫星总数增至8颗。首次发现海王星有3条暗淡、2条明亮的光环。从“旅行者”2号拍摄的6000多幅海王星照片中发现，海王星南极周围有一块面积有如地球那么大的风暴区，两条宽约4345千米的巨大黑色风云带。它们形成了像木星大红斑那样的大黑斑，这块每转360°需10天的大黑斑沿中心轴向逆时针方向旋转，如地球般宽，还有小黑斑。大、小黑斑都是巨大的风暴，以每小时2000千米的速度吹遍整个行星。

海王星上空有一层因阳光照射大气层中的甲烷而形成的烟雾，也有磁场和辐射带，海王星的大气层动荡不定，大气中含有由冰冻甲烷构成的白云和大面积气旋，跟随在气旋后面的是时速为640千米的飓风。大部分地区有像地球南北极那样的极光。

以大约16天的周期——反时钟方向旋转，称为“大黑斑（The Great Dark Spot）”在海王星表面的南纬22度。有的类似木星大红斑及土星大白

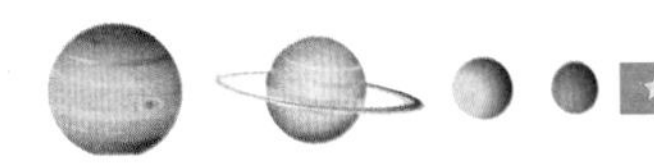

斑的蛋型旋涡，由于大黑斑每 18.3 小时左右绕行海王星一圈，比海王星的自转周期还要长。大暗斑附近的纬度还吹着速度达 300 米每秒的强烈西风。“旅行者”2 号在南半球还发现一个较小的，以大约 16 小时环绕行星一周的速度飞驶的不规则的小团白色烟的黑斑，得知是“The Scooter”。它真正的本质还是一个谜，或许是一团从大气层低处上升的羽状物。

哈勃望远镜在 1994 年 11 月 2 日对海王星的观察显示出大黑斑竟然消失了！它或许暂时被大气层的其他部分所掩盖，或许就这么消散了。哈勃望远镜几个月后在海王星的北半球发现了一个新的黑斑。这也许是因为云的顶部和底部温度差异的细微变化所引起的，这表明海王星的大气层变化频繁。

这个斑点非常像木星上的大红斑，大小与地球近似。起初科学家认为它是与大红斑一样的风暴，但接近观察显示它是黑暗的，并且还是向海王星内部凹陷的椭圆形。

在海王星的许多照片上，大黑斑看起来有着不同的大小和形状。围绕在大黑斑周围的风速是太阳系中最快的风，经测量高达每时 2400 千米（1500 英里）。大黑斑被认为是海王星被甲烷覆盖时产生的一个洞孔，类似于地球上的臭氧洞。

海王星上的卷云是由冰冻的甲烷结晶构成的，大黑斑引起的白色云彩与在地球的高空中发现的卷云有着相似的高度。但与冰晶构成的卷云不同，卷云通常在形成几个小时之后就会融化，但是大黑斑经历了 36 个小时环绕了行星 2 圈之后依然存在着。

威斯特认为，碎裂了的甲烷会与大气中的氢结合而形成乙炔。乙炔又会与大气中的碳氢化合物分子结合，产生更复杂的分子。最后，这些分子会浓聚成黑色的小滴。大黑斑也就是由这些飘浮在同温层顶上的、富含碳和氢的黑色小滴形成的薄雾。这样一层薄雾在紫外线照片中会变得明显，因为碳和氢的黑色小滴会强烈地吸收紫外线辐射，但用我们的肉眼却看不

到大黑斑。

海王星上的大黑斑可以告诉我们更多关于地球的秘密。黑斑是由极区旋涡——绕海王星北极旋转的喷流——俘获的。在我们地球的极区，事实上也环绕着类似的旋涡，旋涡中快速运动的风就像一堵坚实的气体墙，挡住了黑斑，使它保持在高纬度。地球的在南极的涡流发展得比较好，北极涡流多多少少被北极地区崎岖不平的陆地搞乱了。它在限制南极的臭氧空洞方面起到了关键作用，就像海王星上北极涡流限制了大黑斑一样。

这样我们就可以知道海王星上的大黑斑和地球上的臭氧层有异曲同工之妙。相同的作用引发了星体的共性，这也是科学研究天体，更好地造福人类生存环境必须研究的课题。

33

柯伊伯带究竟是怎么一回事

美国天文学家吉纳德·柯伊伯（G.Kuiper）在1951年研究了彗星性质与彗星的形成。柯伊伯认为彗星是太阳系原始星云很冷的外部区里的挥发物凝聚成的冰体。当外行星在冰体群中长大时，外行星的引力弥散作用使一些彗星驱入奥尔特云。但是冥王星之外没有行星形成，他提出冥王星之外有个轨道近于圆形，轨道面对黄道面倾角不大的彗星带——即柯伊伯带，那里有很多彗星。

美国天文学家惠普尔（F.Whipple）在1964年提出：冥外彗星带会引起外行星及彗星引力摄动。若彗星总质量约为地球质量的80%，此带在40天文单位处；若总质量为地球的1.3倍，则此带在50天文单位处。邓肯（M.Duncan）在1988年证明，奥尔特云不是它们的源区，柯伊伯带才是短周期彗星的主要源地。

2014年8月1日天文学家利用哈勃太空望远镜进行观测，宣称在太阳系边缘的柯伊伯带发现了两个新的冰冻天体。遍布着直径从几千米到上千千米不等的冰封微行星，柯伊伯带被认为是太阳系的尽头所在。发现的两个天体距离地球约64亿千米，分别是0720090F和1110113Y。

新发现的冥外天体1993FW和1992QB1（Smiley）应是柯伊伯带内边界

柯伊伯带

区的彗星（尽管以小行星方式命名），在离太阳 32 ～ 35 天文单位的地方还有 1993RO、1993RP、1993SB、1993SC，可能是处在向短周期演变、从柯伊伯带摄动出来的天体。柯伊伯带从离太阳 40 天文单位外延到几百天文单位，估计彗星有上万颗（其外界尚不知道），这些彗星保存着太阳系原始物质的信息，它们是太阳系形成时期的原始冰体残留下来的。

吉纳德·柯伊伯提出在海王星轨道外存在一个小行星带，其中的星体被称为 KBO（Kuiper Belt Objects）。人类在 1992 年发现了第一个 KBO，KBO 地带有大约 10 万颗直径超过 100 千米的星体。天文学界就以吉纳德·柯伊伯的名字命名此小行星带。

在 45 亿年前，有许多这样的团块在更接近太阳的地方互相碰撞，有的就结合在一起，绕着太阳转动，形成地球和其他类地行星，以及气体巨行星的固体核。在远离太阳的地方，还有些团块处在深度的冰冻之中，就一直原样保存了下来。柯伊伯带天体也许就是这样的一些遗留物，它们在太阳系刚开始形成的时候就已经在那里了，是太阳系形成时遗留下来的一些团块。就如我们做完一件工艺品，抛在一边的边角料一样。

柯伊伯带是太阳系大多数彗星来源地，是所知的太阳系的边界。由于

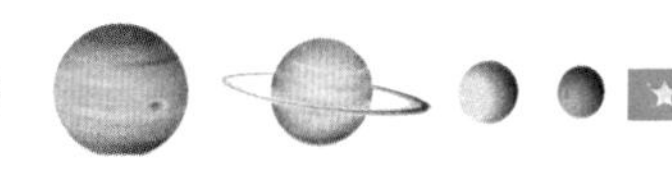

冥王星的大小和柯伊伯带的小行星的大小相当，归入柯伊伯带小行星的行列当中，冥王星的卫星则应被当作是冥王星的伴星。

在距离太阳 40 ～ 50 个天文单位低倾角轨道上的位置，过去一直被认为是太阳系的尽头，那里一片空虚。事实上这里热闹无比，满布直径从数千米到上千千米的冰封物体，这就是柯伊伯带。柯伊伯带上物体是这样形成的：它们在绕日运动的过程中发生碰撞，互相吸引，最后黏附成一个个大小不一的天体。

无论如何，柯伊伯带的存在已是公认的事实，但柯伊伯带为什么会存在还有种种疑问，成为太阳系形成理论的未解谜团。

柯伊伯（Kuiper）和埃吉沃斯（Edgeworth）在 20 世纪 50 年代预测在海王星的轨道以外，充满了微小冰封的物体，它们是短周期彗星的来源地，也是原始太阳系星云的残存物质。人们在 1992 年找到第一个柯伊伯带天体，如今大约有 1000 个柯伊伯带天体被发现。冥王星应该是柯伊伯带的一分子，只是冥王星在柯伊伯带理论出现前就已经被发现，所以才被认为是行星。

如果在柯伊伯带的位置，要形成直径上千千米的天体，物体的总质量至少要是地球质量的 10 倍以上，柯伊伯带总质量据推估不过只有地球质量的十分之一，其他 99% 的质量，难道凭空消失了？这是理论存在的致命问题。

为了解开这个谜团，法国蔚蓝海岸天文台的亚历山德罗·莫比德利博士（Dr.Alessandro Morbidelli）和美国西南研究院的哈罗德·莱文森博士（Dr.Harold Levison）共同提出了一个理论：柯伊伯带天体是在距离太阳更近的位置成形之后，再被海王星一个个甩出去。这样就躲开了柯伊伯带总质量不足的问题。

科学家 20 年前就已经知道行星的轨道会飘移，天王星与海王星从成形之后就已经逐渐向外移动。莫比德利和莱文森提出的理论模型认为，太阳系原始星云有一个过去并不晓得的边界，也就是距离太阳约 30AU 的地方，大概就是现在海王星的位置。在这个范围内，各个彗星、小行星、卫星、行星以及在柯伊伯带上的天体都有足够的质量得以碰撞吸积成形。而在这个范围以外，就是空无一物的太空。

当这些大天体成形并逐渐向外移动的时候，柯伊伯带上的天体也被带着往外迁移。当海王星碰到太阳系原始星云的边界后，它不得不停下来，停留在轨道上。至于这些柯伊伯带上的天体，就在海王星迁移的最后一个阶段，逐渐被甩出去而形成。

这样我们就可以知道柯伊伯带和海王星是互相制约的，亿万年后，不知道它们会不会远离太阳系，飘移到太阳系之外。这儿，更有研究价值。小朋友，不要以为星体都给前人研究、发现完了，其实，对于星体而言，我们目前知道的只是九牛一毛，更大的挑战和发现才刚刚开始。

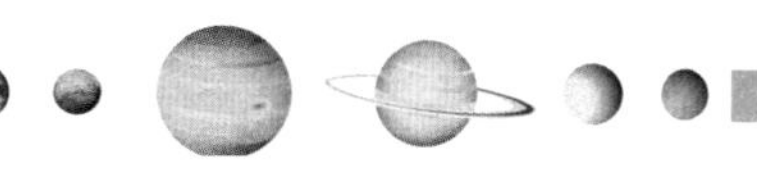

34 被太阳系行星联盟除名的冥王星

起源于希腊语的“行星”，原意指太阳系中的“漫游者”。人们一直认为土星、木星、地球、金星和水星是太阳系中的标准行星。但是天文学家陆续发现了天王星、海王星和冥王星，使太阳系的“行星”变成了9颗，“九大行星”成为家喻户晓的说法。

太阳系中第二个反差极大的天体是冥王星（次于土卫八）。冥王星有时候比海王星离太阳更近（从1979年1月开始持续到1999年2月），轨道十分地反常。冥王星的公转周期刚好是海王星的1.5倍，共同运动比为3:2，它的轨道交角也远离于其他行星。探索这些差异的起因是计划中的首要目标之一。尽管冥王星的轨道好像要穿越海王星的轨道，实际上它们永远也不会碰撞。

冥王星的椭圆形轨道位于太阳系中被称为柯伊伯带的区域，围绕太阳公转一个周期大约需要248年。冥王星的椭圆形轨道意味着，在最远位置时，距离太阳约为73亿千米，当它处于较近位置时，距离太阳大约44亿千米。

冥王星的表面温度大概在35k～55k（-238℃～-218℃）之间。冥王星可能像海王星一样是由30%冰水和70%岩石混合而成的。冥王星表面的黑暗部分的组成可能是一些基本的有机物质或是由宇宙射线引发的光化学反应。

地表上光亮的部分可能覆盖着一些固体氮以及少量的固体甲烷和一氧化碳。

冥王星的大气层主要由氮和少量的一氧化碳及甲烷组成。地面压强只有少量微帕，大气极其稀薄。在其余的冥王星的年份中，大气层的气体凝结成固体。冥王星的大气层可能只有在冥王星靠近近日点时才是气体，靠近近日点时一部分的大气可能散逸到宇宙中去，甚至可能被吸引到冥卫一上去。

冥王星

有人曾认为冥王星过去是海王星的一颗卫星，因为冥王星和海王星不寻常的运行轨道以及相似的体积使人们感到在它们之间存在着某种历史性的关系。有人认为海卫一原本与冥王星一样，自由地运行在环绕太阳的独立轨道上，后来被海王星吸引过去了。

科学家在 2009 年确定冥王星的大气比以前认为的相对更加温暖，和地球比起来这颗矮行星周围的大气温度非常低，一般约 -180℃，表面温度低达约 -220℃。

冥王星表面有一个心形区域，被称为“冥王之心”，美国航天局“新地平线”任务团队在 2015 年 7 月 15 日宣布以冥王星的发现者美国天文学家克莱德·威廉·汤博（Clyde William Tombaugh）的名字将其命名为“汤博区”。在这片心形区域中，新地平线号探测器发现了冰原，这片冰原以人类发射的第一颗人造卫星“斯普特尼克”来命名。

“新视野”号 2015 年 9 月传回冥王星最新照：陨石坑环绕巨大冰原。

冥王星的轨道其实是混沌的，在太阳系中对微小细节也很敏感的不可测量性，会逐渐破坏冥王星的轨道。从现在开始的数百万年，冥王星可能

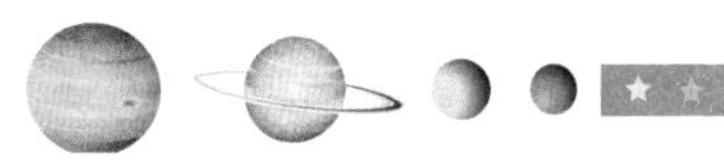

在近日点、远日点或任何的地点上，是无从预测的。但这并不能说冥王星本身的轨道是不稳定的，以它现在的轨道位置，不能事先预知和确定未来的位置。一些共振和其他的动力学效应维系着冥王星轨道的稳定，得以在行星的碰撞或散射中获得安全。随后科学家在冥王星外侧的柯伊伯带中不断发现新天体，其个头越来越大。2005 年发现的阋神星，当时被认为比冥王星更大，因为当时估测的冥王星直径只有约 2300 千米。

美国天文学家汤博在 1930 年发现冥王星，当时把冥王星的质量估算错了，命名为大行星是以为冥王星比地球还大。经过近 30 年的进一步观测，发现它比月球还要小，直径只有 2300 千米。等确定其大小已经晚了，“冥王星是大行星”早已被写入教科书，以后也就将错就错了。

自从冥王星被发现的那天起，就有了“争议”。冥王星所处的轨道在海王星之外，属于太阳系外围的柯伊伯带，这个区域一直是太阳系小行星和彗星诞生的地方。新的天文发现不断使“九大行星”的传统观念受到质疑。

1998 年，国际天文学联合会（IAU）否决了“建议把冥王星剔除太阳系行星之列”的报告。但是，命运又一次改变，2006 年 8 月 24 日下午第 26 届国际天文联合会通过决议，天文学家以投票方式正式将冥王星划为矮行星，从行星之列中除名。这一切都是人类策划的，冥王星还不知道，还在宇宙中旋转呢。

国际小行星中心并没有闲着，在 2006 年 9 月 7 日把已知或即将成为矮行星的天体编号，冥王星编号为小行星 134340 号。这个名字冥王星估计不喜欢，因为没有被重视的感觉。

国际天文联合会在 2008 年再次将冥王星划为类冥天体的原型，为矮行星项下的子分类。

“新视野”号 2015 年首次飞掠冥王星，这次近距离重新测量冥王星的直径，给冥王星一个新的机会，因为这次测量才知道过去的估算小了，于是 IAU 在当年 8 月举行大会，冥王星有望回归九大行星。无辜的冥王星并不知情，任人类来回折腾。当然，它也不会带着卫星脱离太阳系的控制、逃之夭夭的。

35

迷人眼球的“双行星”

中国中科院紫金山天文台行星专家王思潮表示，太阳系中将首次出现“双行星”，如果此次国际天文学联合会大会关于确定太阳系行星身份的提案获得通过，即冥王星与它的卫星卡戎星。

王思潮详细地介绍了双行星是指符合行星定义的两个大小比较接近的天体，二者之间的引力中心不在主要天体内部，犹如跳交谊舞，彼此互相绕着对方运动，这两个天体就是双行星了。如果这个提案获得通过，已从大行星降为二级行星“矮行星（dwarf planet）”的冥王星的行星身份仍将保持。会有3颗天体同时荣升二级行星，分别是最大的小行星谷神星、卡戎星和2003年发现的2003UB313（齐娜星）。太阳系的行星将由9颗增至12颗。其中有8颗是经典行星（俗称大行星），分别是水星、金星、地球、火星、木星、土星、天王星和海王星。有4颗二级行星，分别是冥王星、卡戎星、谷神星和齐娜星（2003UB313）。

王思潮还说，冥王星与它的卫星卡戎星均符合新的行星定义，二者直径为2∶1，引力中心不在冥王星内，彼此的运动犹如在天宇跳交谊舞。这样，它们将可能是太阳系首次确认的双行星。与太阳系行星数量增加同样值得关注的是，太阳系有可能会首次确认双行星。太阳系边缘有可能发现

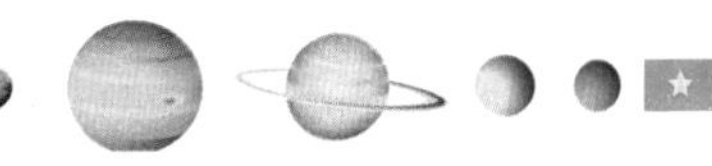

双行星

新的不止一个行星，甚至可能发现与地球同样条件适合生命出现的行星。

自人类发现冥王星以来，运行轨道就一直没有准确的数值，双行星的出现对解决这一谜题提供了一定的科学依据。凡是相互绕行的恒星，无论大小差异如何，都是双星（或者三联星等）。因为双星的概念来源于恒星之间的相互绕行，由于恒星有很好的定义（足够大，因而引发核聚变发光），所以不存在“卫恒星”的概念。

在行星系统内行星与卫星是按照轨道区分的，直接绕恒星的就是行星，绕行星的是卫星。双星的情形直接模糊了行星与卫星的区别，这样如果两颗相互绕行的星球大小非常接近，毫无疑问会被归类于双行星；两星体大小相当，同时差别明显，这就产生了定义的疑难；如果大小差别非常大，则小星体是卫星。

按照一般的科学定义原则，应该以某种引力、轨道相关的现象作为行星界定标准，不宜人为地给出某个比值（比如质量差别 1/10）作为区分界限。实际上人们仍从直观上认为两者质量在同一数量级为双行星（即比值

1/10 作为心理分界)。曾经有一些关于双行星和行星——卫星系统之间的精确定义界限的辩论。在许多的例子中都没问题，因为这些卫星的质量都远低于系统中的行星。特别一点的是地月系和冥卫系统。月球与地球的质量比是 0.0123 (1/81)，而冥卫一和冥王星的质量比是 0.117 (约 1/9)。太阳系中所有的卫星都低于其行星或矮行星质量的 0.00025 (1/4000)。

熟知天文学的科幻小说家伊撒·艾西莫夫 (Isaac Asimov) 建议区分行星—卫星和双行星要以卫星的距离相较于与行星和太阳距离的值，或两者相互拔河 (较劲) 的值来辨别。他还设了一个公式叫拔河图，从此图来看，土星最大的卫星土卫六 (蒂丹) 的值是 380，土星对土卫六的引力比太阳对土卫六的引力就大了 380 倍。艾西莫夫的拔河图有一些卫星和所有的行星数值，但当时对冥王星及其卫星知道的不多。他指出，那些被认为是被木星捕获的外围卫星，木星对它们的约束力也仅是比太阳强一些。一旦拔河值仍然大于 1，太阳就会失去对这些天体的约束，这些卫星就会由行星控制着。

太阳赢得了拔河的是我们居住的地球和卫星月球，地球的拔河值仅有 0.46，这意味着地球对月球的约束力还不到太阳的一半。由于太阳对月球的引力是地球的两倍，艾西莫夫推论地球和月球必须是一个双行星系统。也是他在许多本著作中指出月球应该是颗行星，而不是地球的卫星的主要原因。这样地球就没有卫星了，月球变成了地球的兄弟姐妹。

他认为现在将月球视为地球的卫星或是捕获物是不准确的，我们必须正视月球。月球同地球一样是颗行星，一起绕着太阳。确切地说，在地月系统之内，最简单的描述方法就是月球绕着地球运转。如果以正确的尺度描绘地球和月球绕行太阳的图，会看到月球轨道是凹向太阳的，即它总是朝向太阳下坠。其他卫星都无例外，通过它们轨道的任何一部分，都是飘离太阳的。它们都不同于我们的月球，取得主导权的是它们的行星。

拔河定义也存在一些与我们对双星直观认识不一致的地方：它把伴星

或卫星的轨道位置作为判断的主要标准，某些显然的双星（或卫星）被归入相反的类别。比如与月球有相同轨道高度的人造卫星，它们的拔河值和月球相同，但把它们当作与地球相当的伴星体显然存在困难。还有两个几乎相同大小的星体，在远离太阳的地方相互紧密绕行，太阳在拔河中显然处于弱势。

小朋友，这可不是我们平时的拔河比赛那样简单。如果拔河值大于 1，太阳就真的吸引不住行星了，行星们就会自由在宇宙中游弋，或者找寻新的天体，或许被别的星体吞噬，谁能左右得了这神奇的天体呢！

36

太阳系中的小行星

这节我们看看天上那些一眨眼一眨眼的小星星，它们又是怎么分类的。

在太阳系内，类似行星环绕太阳运动，体积质量比行星小得多的天体叫小行星。根据估计，小行星的数目应该有数百万，最大型的小行星现在开始重新分类，被定义为矮行星。

以前知道的位于地球轨道外侧到土星轨道内侧的太空中，直径超过240千米的小行星仅有16个。绝大多数的小行星都集中在火星与木星轨道之间的小行星带。还有一些小行星的运行轨道与地球轨道相交，有些小行星不小心就撞到地球上了，撞上地球的这颗鲁莽的小行星就完了，被地球无情地吞噬，老老实实待在地球上。有一种推测认为，小行星可能在远古时代遭遇了一次巨大的宇宙碰撞而被摧毁变成残骸。从这些小行星的特征来看，它们并不像是曾经集结在一起的。如果将所有的小行星加在一起组成一个单一的天体，它们的直径比月球的半径还小，不到1500千米。

一开始，天文学家以为小行星是一颗在木星和火星之间的行星，被撞破裂散落的，但小行星带内的小行星质量比月球的质量还要小。现在天文学家认为小行星是太阳系形成过程中没有形成行星的残留物质。它们有各自的力量不能被有效吸附，一直散落在太空。阻碍这些小行星的是木星，

它在太阳系形成时质量增长最快，木星防止在如今小行星带地区另一颗行星的形成，它的力量不可小觑。

可怜的小行星带区的小行星们，它们的轨道受到木星严重的干扰，不但不能团结一致，反而不断被碰撞和破碎。其他的物质也没啥好处，被不断逐出它们的轨道与其他行星相撞。

大的小行星在形成后会有铝的放射性同位素26Al（和类似铁的放射性同位素60Fe）的衰变而变热。重的元素如铁和镍在这种情况下向小行星的内部下沉，轻的元素如硅则上浮。小行星内部物质就这样分离了。有些碎片后来落到地球上成为陨石。在此后的碰撞和破裂后所产生的新的小行星的构成因此也不同。

按轨道根数作统计分析，轨道倾角在约5度和偏心率约0.17处的小行星数目最多。

意大利天文学家朱塞普·皮亚齐（Giuseppe Piazzi）1801年1月1日晚上，在西西里岛上巴勒莫的天文台内，在金牛座里发现了一颗在星图上找不到的星。起初他认为这又是一颗彗星。当它的运行轨道被测定后，朱塞普发现它不是彗星，而更像是一颗小型的行星，因此为其取名谷神星。在随后的几年中，同谷神星轨道相近的婚神星、智神星、灶神星相继被发现。闪视比较仪和天文照相术的使用，使得小行星的年发现率大增。

之后，科学家们陆续又发现了7000多颗小行星，这个数字仍以每年几百颗的速度增长。毫无疑问，还会有成千上万的小行星由于太小而无法在地球上观察到。我们已经知道的，有26颗小行星直径大于200千米，对这些可见的小行星的观测数据已基本完成。还有大约99%的小行星的直径小于100千米。科学家对那些直径在10到100千米之间的小行星也进行了编录。还有一些更小的，或许存在着近百万颗直径为1千米左右的小行星等待着我们去发现记录。所有小行星的质量之和比月球的质量还低。

以前天文学家发现一颗小行星必须长时间记录星的位置，比较它们与

周围星位置之间的变化。现在摄影底片上一颗相对于恒星运动的小行星在底片上拉出一条线，很容易就可以被确定。随着底片感光度的增强，拍摄机器比人眼要灵敏，就是比较暗的小行星也可以被发现。摄影术的引入使得被发现的小行星数量增长巨大。电荷耦合元件摄影的技术 1990 年被引入，加上计算机分析电子摄影技术的完善，使得更多的小行星在很短的时间里被发现。有了这些帮助，科学家们发现了约 22 万颗小行星。

一颗小行星的轨道被确定后，为了分析一颗小行星的反照率，天文学家既使用可见光也使用红外线的测量，根据对它的亮度和反照率的分析来估计它的大小。但这个方法不可靠，对反照率分析的错误往往比较大，因为每颗小行星的表面结构和成分都可能不同。

用雷达观测可以取得精确的数据。对其他数据（衍射数据）的分析可以推导出小行星的形状和大小。天文学家使用射电望远镜作为高功率的发生器，向小行星投射强无线电波，通过测量反射波到达的速度可以计算出小行星的距离。观测小行星掩星也可以比较精确地推算小行星的大小。

到 1940 年具有永久性编号的小行星已经有 1564 颗，它们在茫茫星带上有了自己的名字。可惜我们只能远远地看着它们，不能走近它们。

面对繁星点点，小朋友有什么感悟没？看小行星的图片我们就可以发现，那些星星啊，和我们地球上的大石头没什么区别。不同的是，它们在天上运动，我们只能看到一个点，显得神秘，地球上的石头可以陪着我们，也能为我们所见，就显得没什么神秘的。

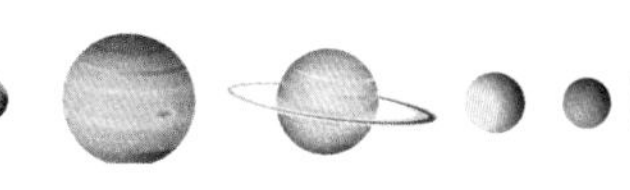

37

太阳系的边界之谜

孩子们，在我们生活的地球上，有许多个国家和地区，可谓地大物博了。可在我们地球的外面，还有距离我们最近的月亮、太阳、各个行星，它们都属于太阳系。太阳系之大，不是我们所能准确测量的。

我们如果想了解太阳系的边界，就要先了解太阳系，有人说，太阳系的边界是永恒不变的，也有人说，太阳系的边界是在不断变化的。还有人说，要想观测到更远的恒星方向的变动，就必须选择一个更长的基线用来测定距离。那么，如果这样的话，地球是否会把我们带到太阳系以外的地方去呢？比如：月亮围绕地球转，地球围绕太阳转，是不是太阳也在围绕另一个更有引力的星球旋转呢？

300 多年前，有的天文学家认定恒星在太空中是不固定的，它们是一直在空中运动着的。后来，经过哈雷观测研究后发现，有几颗亮星在托勒密（Ptolemy）制恒星上，在 1500 年内确实曾经移动过位置，移动的距离和月亮的直径差不多。既然天上的各个恒星都是运动着的，那么，太阳也是恒星，太阳也一定是在运动着的了。

英国天文学家威廉·赫歇耳（Wilhelm Herschel）在 1783 年时就推论：如果太阳或全部行星在空中沿着直线运行的话，那么，恒星一定是向

相反的方向移动的。

经过以上研究，又经天文学家们推算，以武仙座作为观察基点，科学家推测太阳系的速率是每秒 19.8 千米。从这些恒星方面讲，地球就是在这螺旋线中运动，它一方面环绕太阳转，而另一方面也在分担着太阳的前进运动。而我们世代居住的地球在追随太阳的运动中，也带着我们偏离其轨道两倍的距离。

所以，恒星不是固定的，它的边界也不是固定的，太阳系亦是。

小朋友，前面我们说了太阳风，太阳会喷出高能量的带电粒子而形成太阳风。太阳风可以一直刮到冥王星轨道的外面，形成一个巨大的磁气圈，我们把这个磁气圈叫作“日圈”，日圈的最边缘叫“太阳风层顶”。日圈外面有星际风在吹刮，太阳风会保护太阳系不受星际风的侵扰，并在交界处形成一层震波面。震波面的外面就是浩瀚的宇宙了，这里可以算是太阳系的尽头了。

2011 年末，美国宇航局发送的“旅行者”1 号探测器曾一度到达了太阳风层顶，而太阳风层顶被科学家定位为太阳系的边缘。“旅行者”1 号探测器是美国宇航局 1977 年 9 月 5 日发射升空的，它的探测任务就是要探索太阳系的边界在哪里。

太阳系的边界到底在哪里呢？至今仍是一个谜，一直刺激着人们想要去探索。当“旅行者”1 号到达太阳风层顶的时候，探测到太阳风流速平静，来自太阳系的高能粒子在向外星际逃逸。此时的“旅行者”1 号距离太阳 180 亿千米，是冥王星距离的 3 倍。

孩子们，太阳系的边界到底在哪里呢？至今还是个谜，还有待于我们去证实，去探索。

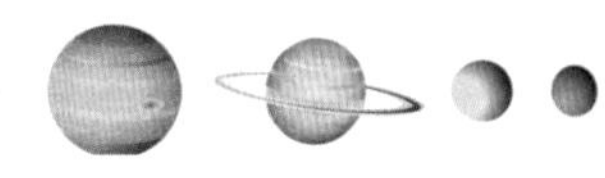

38 拖着长长尾巴的彗星

静谧的夜晚，我们沿着空旷的田野散步，一路上欣赏着分布在夜空的星星。忽然，一道耀眼的亮光从天边呼啸而来，拖着明亮的长长尾巴，带着蓝色的光芒，眨眼消失在远方。这就是彗星了，给我们带来短暂视觉享受的彗星。

彗星是由彗核、彗发、彗尾三部分组成，也是进入太阳系内亮度和形状会随日距变化而变化的绕日运动的天体。彗核由冰物质构成，有呈云雾状的独特外貌。

每当彗星接近恒星的时候，彗星物质也就是冰会升华，在冰核周围形成朦胧的彗发和一条稀薄物质流构成的彗尾。再加上太阳风的压力，彗尾总是指向背离太阳的方向形成一条很长的彗尾。彗尾很长，一般长几千万千米，最长可达几亿千米。彗星的形状像我们扫地的扫帚，俗称扫帚星。

彗星的运行轨道少数为椭圆，多为抛物线或双曲线。著名的哈雷彗星绕太阳一周的时间为 76 年。目前人们已发现绕太阳运行的彗星有 1600 多颗。

日本京都产业大学研究小组在 2014 年 2 月 21 日发现彗星上有氨的存

在。科学家在追踪“67P/楚留莫夫·格拉希门克”彗星的“罗塞塔”号飞行器上发现了属于该彗星的一些化学残留物。使用探测器对这些化学物质进行分析后，发现其主要成分为硫化氢、氰化氢、氨、甲烷和甲醛。由此，科学家们得出结论称：彗星的气味闻起来像是马尿、酒精、臭鸡蛋和苦杏仁的气味混合在一起。

彗星的起源目前还是个未解之谜。目前猜测，在太阳系外围有一个约有1000 亿颗彗星的特大彗星区，叫奥尔特云。那里的彗星由于受到其他恒星引力的影响，一部分彗星进入太阳系内部，还有一部分受到木星的影响，逃出太阳系；另一些被“捕获”成为短周期彗星。

有人认为彗星是在太阳系的边远地区形成的；还有人认为彗星是在木星或其他行星附近形成的；甚至有人认为彗星是太阳系外的来客。必然有某种新彗星代替老彗星的方式，因为周期彗星一直在瓦解着，可能的一种方式是：在离太阳105天文单位的半径上储藏有几十亿颗，以各种方向绕太阳作轨道运动的彗星群。这个概念得到支持，并且非周期彗星以随机的方向沿着非常长的椭圆形轨道接近太阳。

随着时间的推移，过路的恒星也会给予轻微引力，这样就扰乱了遥远彗星的轨道，直到它在近日点的距离变成小于几个天文单位。

当彗星进入太阳系后，各行星的万有引力能把这个非周期彗星转变成新的周期彗星（它瓦解前将存在几千年）。还有一种可能，这些力可将它从彗星云里抛出。

我们所处的银河系内，与个别恒星相联系的这种彗星云可能非常普遍。迄今还没有找到那些与其他恒星结成一体的彗星云，更别说找到一种方法来探测可能与太阳结成一体的大量彗星了。

彗星长长的明亮稀疏的彗尾，除了离太阳很远时以外，在过去给人们的印象，彗星很靠近地球，感觉就在我们的大气范围之内。丹麦天文学家和占星学家第谷·布拉赫（Tycho Brahe）1577年指出当从地球上不同地

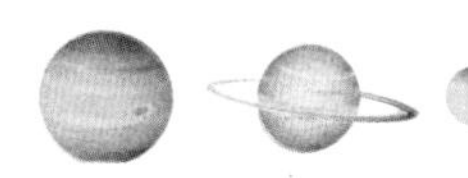

点观察时，彗星并没有显出方位不同，因此他确定彗星距地球很远的地方的正确结论。

彗 星

彗星属于太阳系小天体，每当彗星接近太阳时，它的亮度迅速地增强。远离太阳的彗星，沿着高度被拉长的椭圆运动，太阳在这椭圆的一个焦点上，与开普勒第一定律一致。彗星大部分的时间运行在离太阳很远的地方，我们是看不见的。只有当它们接近太阳时才能见到。大约有 40 颗彗星作为同一颗天体会相继出现，因为它们公转周期相当短（小于 100 年）。

诺曼人公元 1066 年入侵英国前夕，正逢哈雷彗星回归。当时，人们怀着复杂的心情，认为这是上帝给予的一种战争警告和预示，注视着夜空中这颗拖着长尾巴的古怪天体。后来，诺曼人征服了英国，诺曼统帅的妻子还把当时哈雷彗星回归的景象绣在一块挂毯上以示纪念。中国民间则把彗星贬称为“灾星”“扫帚星”，常常把彗星出现和人间的饥荒、洪水、瘟疫和战争等灾难联系在一起，这种联系事件在历史上有很多。彗星是在扁长轨道（极少数在近圆轨道）上绕太阳运行的一种质量较小的云雾状小天体。

科学家估计一般接近太阳距离只有几个天文单位的彗星将在几千年内瓦解。这样我们以后就看不到拖着尾巴的彗星了，那样寂静的夜空就会多一份寂寞和期待。

哈雷彗星，因为个性，所以著名

彗星是太阳系中体积最大但质量较小的天体，其中最大最容易被观测到的要算哈雷彗星了。这颗彗星由一位叫哈雷的英国天文学家第一次算出，因此叫哈雷彗星。

哈雷彗星是人类首颗有记录的周期彗星，也是唯一能用裸眼直接从地球看见的短周期彗星，还是人一生中唯一以裸眼能看见两次的彗星。当然前提是不能早亡。

这颗星因英国物理学家爱德蒙·哈雷（Edmond Halley）首先测定其轨道数据并成功预言回归时间而得名。哈雷彗星（周期彗星表编号：1P/Halley）是每76.1年环绕太阳一周。下次过近日点时间为2061年7月28日。

1758年圣诞之夜，德国德雷斯登附近的一位农民天文爱好者发现了回归的彗星。

哈雷彗星还像巡回大使一样周期性地检阅太阳系各大行星并经历各种各样的环境，带回丰富的信息。对哈雷彗星的观测和研究不仅证实了周期彗星的存在，也大大促进了彗星天文学的发展，它的每次回归都引起天文学家的极大兴趣。

哈雷彗星除了每76年回归一次，大部分时间在太阳系的边陲地区活

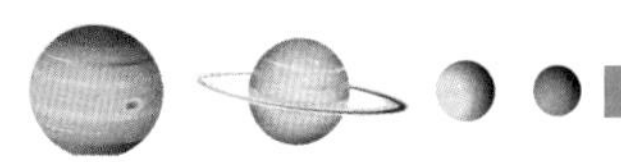

动，就是用现代最大的望远镜也难以搜寻到它的身影。我们只有在它回归时三四个月的时间能够见到它。一般来说，一个人很少能两次看到哈雷彗星，因为人的寿命只有 70 岁左右，只有一些“老寿星”才有这种机会，第一次看到它是在咿呀学语的幼年，而第二次看到它就到了步履蹒跚的晚年了。一般大多数的人在壮年或青春美好的年华看见，那一生就只能看到一次了。

大多数彗星在天空中都是由西向东运行，只有哈雷彗星从东向西运行。

哈雷彗星平均公转周期为 75 年或 76 年，但我们不能简单地在出现的那一年再加上 76 年得到它的精确回归日期。主行星的引力作用会使它的周期变更，陷入一个又一个新循环。

非重力效果（靠近太阳时大量蒸发）也扮演了哈雷彗星周期变化的重要角色。比如说在公元前 239 年到公元 1986 年，哈雷彗星的公转周期在 76.0（1986 年）年到 79.3 年（451 和 1066 年）之间变化。而最近它的近日点则为公元前 11 年和公元 66 年。

哈雷彗星像其他彗星一样，偏心率较大，公转轨道是逆向的，与黄道面呈 18 度倾斜。

与先前预计的相反，哈雷彗星的彗核非常暗，反射率仅为 0.03，这使它比煤还暗，成为太阳系中最暗物体之一。

我们看哈雷彗星的时候觉得它好美丽，有很多的幻想。其实呢，它的彗核是个又丑又脏的家伙。它的模样与其说像一个带壳的花生，不如说是一个烤煳了的土豆更为贴切。表皮皱皱巴巴、裂纹累累，其脏、黑程度令人难以想象。哈雷彗星的质量约为 3000 亿吨，体积约 500 立方千米。最长处 16 千米，最宽处和最厚处各约 8.2 千米和 7.5 千米。彗核的密度很低，大约 1 克／厘米^3，说明它多孔，可能是因为冰升华后，大部分尘埃都留了下来所致，彗核表面至少有 5 ～ 7 个地方在不断向外抛射尘埃和气体。因为表面比煤灰还黑，这让它大量地吸收太阳的辐射而使温度达到

哈雷彗星

30℃～100℃。

当慧核渐渐靠近太阳时，表面开始受热而汽化，反射阳光和自身受激发光使它披上了辉煌灿烂的外衣，于是冬眠的彗星进入生命的活跃期。怒发冲冠的彗头是由中间那团明朗而密集的凝聚物彗核、朦胧而蓬松的气体包层的彗发、边缘还有一圈暗淡而稀薄的氢云共同组成的。接触喷薄光焰的太阳，抛射出源源不断的亚原子流，照耀着辖区的每一寸空间，形成吹向四面八方的太阳风。彗星上弱不禁风的尘埃和挥发物质便在太阳风的吹拂和光的压力下，拖出一条明亮的大尾巴来。离太阳越近尾巴越长，尾巴总是指向背着太阳的一面。当它告别太阳再次远行时，尾巴已经成了照耀路程的一盏车灯了。

1910 年哈雷彗星回归时，许多地方举行了世界末日集会，人们怀着恐怖的心情，等待地球和哈雷彗星相撞。5 月 19 日地球安然无恙地穿过彗尾，

人们的恐惧心情才结束。后来科学家说彗尾有如实验室里制造的真空，他们把彗星比作“看得见的乌有”“空口袋”。

哈雷彗星来到太阳身边一次，便要被剥掉一层皮，它横跨太阳系并不是优哉游哉的闲庭信步，这种有去无回的物质损耗将导致哈雷彗星在遥远的将来走向消亡。但如果它在运动的过程中能源源不断地吸收别的小天体，有能源的补充也许会慢慢壮大。

可怜的哈雷彗星在茫茫宇宙旅行中像个富豪，不断向外抛射着尘埃和气体，想吸收别的星体似乎不可能，看来它是个败家子。从上次回归以来，哈雷彗星总共已损失 1.5 亿吨物质，彗核直径也缩小了 4 ～ 5 米，照这样挥霍下去，它还能绕太阳 2 ～ 3 千圈，寿命能不能维持 100 万年，很难说。

每 76 年就会回到太阳系核心区的哈雷彗星，大约会损失 6 公尺厚的冰、尘埃和岩石，因为彗尾就是由这些碎片组成的。散布在彗星轨道上的碎片，产生了著名的宝瓶座流星雨和猎户座流星雨。哈雷彗星长得虽然丑陋，回归时让人们害怕，但是它带给人们浪漫的视觉享受却是别的星座无法比及的。

装满彗星的“大仓库”

天文学家普遍认为奥尔特云（又译欧特云）是50亿年前形成太阳及其行星的星云之残余物质，并包围着太阳系。那里布满了不少不活跃的彗星，距离太阳约50000至100000个天文单位，最大半径差不多一光年，即太阳与比邻星距离的四分之一。

爱沙尼亚的天文学家1932年提出彗星是来自太阳系外层边缘的云团，也就是奥尔特云团。但是，荷兰天文学家奥尔特（Jan Hendrick Oort）1950年指出这个推论有矛盾的地方，他说一个彗星不停来回太阳系内部与外部，最后会被多种因素所摧毁，它们的生命周期绝不会如太阳系的年龄长。

这个云团所受的太阳辐射较弱，非常稳定，里面存在数百万颗以上的彗星核，可以不停产生新彗星，去取代被摧毁的彗星。奥尔特云彗星的总质量，会是地球的5～100倍。它的轨道介于76～850个天文单位之间，比预计的轨道接近太阳，有可能来自奥尔特星云内层。

荷兰天文学家简·亨德里克·奥尔特（Jan Hendrik Oort）1950年推断，在太阳系外沿有大量彗星，后来被称为奥尔特星云。如果说，彗星仅仅是由快速飞行的冰块还有别的碎石块组成，它们从哪里来的，又是怎样

到达这里的呢？

奥尔特云团

奥尔特认为彗星源于带外行星亿万英里以外的云状区域，彗星出现的时间间隔意味着大多数彗星都有很长的环形运动轨迹。该区域非常遥远，就连太阳都无法将其纳入太阳系中。

在 20 世纪 80 年代初，研究者们开始修正奥尔特的理论：由于奥尔特星云浮游在太阳系边缘，极易受附近恒星引力作用的影响，有时这些力量会将彗星从奥尔特星云拖至星际空间。这样，它们更靠近太阳。但是，强大的木星引力作用要么将它们推至更小的轨道，要么将它们逐出太阳系。木星这么霸道的做法，让只有百分之五的彗星返回过它们的家园，那里的彗星将日渐减少。这样的理论似乎与每年看到的稳定划过地球上空的一串串彗星不一致。为了解决这一矛盾，1991 年，科学家们在奥尔特理论上又加了另外一种观点：或许奥尔特星云内层有一个更大的天体，那里像一个巨大的水库，源源不断为外环提供新的彗星。

彗星从哪里来？这是一个令人困惑也是一个引人入胜的问题。天文学家在研究彗星来源时，都要对彗星轨道进行统计分析，看看彗星在受大行星引力摄动前的轨道是什么样子，从中寻找规律。还是荷兰天文学家奥尔特在 1950 年对 41 颗长周期彗星的原始轨道进行统计后认为：在冥王星轨道外面存在着一个硕大无比的“冰库”，也可以说是一个巨大的“云团”，这个云团一直延伸到离太阳约 22 亿千米远的地方，太阳系里所有的彗星都来自这个云团。

现在把奥尔特云的距离定在约 15 万天文单位处，大概是冥王星距离的 4000 倍。速度最快的光到我们太阳系要走上两年多，奥尔特云的彗星绕太阳一周要花很长的时间。只有当它们跑到离太阳几亿千米远时，我们才能看到。彗星在轨道上的绝大部分时间都消磨在远离太阳的地方。有些长周期彗星旅行一周要经过几百万年的漫长岁月。尽管天文学家估算奥尔特彗星云里可能有 1000 亿颗彗星，而全世界每年发现的彗星平均却只有五六颗。

在彗星云的位置是看不到又大又圆的太阳的，因为它们离太阳太遥远了，太阳在它们的世界成了名副其实的“普通一星”，亮度比我们在地球上看天狼星还暗一些。彗星云得不到任何恒星的光和热，就像一座“冰山”。

大的直径超过 10 千米的彗星就来自这座冰山，这些冰山上的来客本身也是一座座大大小小的冰山，它们比地球上的最高峰珠穆朗玛峰还要壮观，而小的彗星只有几十米。大量的冰物质和尘埃混合而成一座座冰山，冰物质中还有一氧化碳冰、氨冰、二氧化碳冰（干冰）和甲烷冰等。冰物质中还混有大量的尘埃物质，看上去是灰黑色的，不像我们在电视中看到的南极冰山那样晶莹可爱。来自美国的天文学家惠普尔（F.Whipple）还给它们起了一个形象的名字，叫“脏雪球”。

美国一些天文学家 1958 年认为在太阳系内还存在着另一个彗星仓库，就是“柯伊伯彗星带”。短周期彗星全部来自这个环状的彗星库，离海王星轨道不远，估计带内至少有几千颗彗星。这个彗星带离地球要比奥尔特云近多了。

彗星内部结构和运动，天文学家们还没有完全搞清楚。不论是柯伊伯带还是奥尔特云，都没有得到最后证实，都只能是彗星起源的一种假说。彗星是太阳系创生过程中的一种天然副产品，因为它从原始太阳星云中形成，基本上与太阳、行星形成的时期相同。

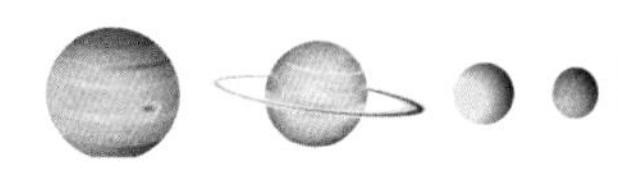

根据奥尔特的估计，光彗星云这个包层中就可能存在多达1000亿颗彗星。这真是一个庞大无比的彗星“仓库”啊！它们主要在附近受到木星等大行星引力的影响而变为周期彗星。其中的每一颗彗星绕太阳一周都得上百万年，另外的一些彗星可能被抛出太阳系外，游荡在浩渺的宇宙中……

41

穿过彗星的地球

在45亿年前地球初形成的时候，太阳系里是存在水分的，但是大部分水分被太阳的热量赶到了星系的外围地区。这些水分至今还以冰冻的形式存在于木星的卫星欧罗巴、海王星、土星环、天王星以及数以十亿计的彗星之中。一直以来科学家们都很好奇地球上大量的水是怎么来的。

主流理论认为：这些水是地球形成约5亿年之后，一连串携带着大量水分呼啸撞向太阳的彗星带来的。根据是科学家发现至少部分彗星拥有和地球上的水相同化学特性的物质，这一研究理论取得了重大进展。

这项研究进展公布后不久，美国天文学家有了重大发现，这个发现成为支持上述理论的另一个重要证据。来自北半球的一颗明亮恒星——乌鸦座的Eta Corvi，距离地球约400万亿英里远，在那里观测到一场原始彗星“风暴”，它猛烈地撞击了离它比较近的一个星体。其实他们观测到的只是宇宙尘埃的一些红外特征，这些尘埃与乌鸦座的距离大约有3个天文单位，也就是3个从地球到太阳的距离。斯皮策红外太空望远镜的详细观测表明，这场原始彗星“风暴”是巨大岩石星体发生强烈撞击而产生的。来自美国的凯里·利斯说：“我们观测到了非结晶体的硅和纳米钻石，这表明与彗星相撞的天体最大可能是地球的几倍，最小体积也可能相当于小行星谷神星。”

根据这一观测结果还不能得出宇宙尘埃是由撞击产生的结论。利斯说除了观测到小彗星组成的“风暴”外，他们还观测到一个大体积星体的残迹。不过结果还不能确定，现在只知道有大量物质喷射到周围。利斯及其同事观测到的是只包含冰粒和有机化合物的特殊物质，他们不能观测到所有的物质，而这些物质只有粉碎的彗星才有。

除此之外，2008 年落入苏丹的 Almahata Sitta 陨星和这些遥远的尘埃所具有的化学特征非常吻合。该陨星很可能来自海王星以外的分布着数十亿颗彗星的柯伊伯带（Kuiper Belt），我们已经知道冥王星和阋神星等矮行星也分布在那个区域，它们本身就属于巨大的彗星。

把所有的发现汇集，就会得到一幅描绘太阳系诞生 10 亿年之后，形成生命的基础物质的水分，是如何出现在地球上的画面。乌鸦座的星系已经形成 10 亿年了，我们就会产生这样一个问题：那里是否有可能存在生命？一开始我们可能不会这样认定它有利于生命形成的彗星“风暴”的证据。然而当前的答案是：没有。

科学家研究了大约 1000 个星系，满足这个条件的就只有乌鸦座。这并不意味着其他区域没有这种证据。詹姆斯·韦伯太空望远镜如果得到美国国会的批准最早能在 2018 年投入使用，这架更加灵敏的望远镜可以找到更多令人期待的线索。这样得出“地球上的生命源于一次宇宙意外相撞事故”的结论还为时过早。

我们再谈谈流星和彗星的联系，流星差不多都是彗星尾迹产生的。它是行星际空间的尘粒和固体块（流星体）闯入地球大气圈同大气摩擦燃烧产生的光迹。流星体原是围绕太阳运动的，在经过地球附近时，受地球引力的作用，改变轨道，从而进入地球大气圈。如果流星在大气中未燃烧尽，落到地面后就称为“陨星”或“陨石”，这样的陨石隐藏着很多的秘密，科学家总是喜欢破解这样的天外来客。如果许多流星从星空中某一点（辐射点）向外辐射散开，这就形成了流星雨。

每天都有数十亿、上百亿流星体进入地球大气，它们总质量可达20吨。如果不经过空气摩擦进入地球，那该是怎样的灾难啊！我们已经知道陨石是太阳系中较大的流星体闯入地球大气后未完全燃烧尽的剩余部分。其实流星也给我们带来丰富的太阳系天体形成演化的信息，是受人欢迎的不速之客，前提是它不能太大，太大会把建筑物都砸坏了。

陨石也是有分类的，按照其主要化学成分分为石铁陨石、石陨石和铁陨石三种。陨石的质量和半径相差很大，不能一概而论。看看吧，如果撞击地球的小天体直径在10千米以上，那么其造成的破坏将和当年恐龙灭亡那次一样，地球直接就毁灭了。

科学家观测发现，“洛夫乔伊”彗星（编号C-2014Q2）上喷射出来的竟然是酿酒用的乙醇。这是个多么有趣的现象啊！彗星活跃的时候，每秒钟喷出20吨饱含乙醇的液体，大约相当于500桶酒，如果“洛夫乔伊”在地球上生存，该是多么好的酿酒师！

周期彗星被发现后需要再通过一次近日点，或得到曾经通过的证明，方能得到一个永久编号。编号“153P”，公转周期为360多年的池谷·张彗星，在1661年被证明和几次出现的彗星为同一颗，而获得编号。

有少数彗星以其轨道计算者来命名，例如编号“2P”的恩克彗星和“27P”的克伦梅林彗星，编号为“1P”的哈雷彗星。彗星通常是以发现者来命名，上述只是例外。

木星等大型天体会影响到彗星的轨道及公转周期而使其改变。彗星也会因某种原因而消失，无法再被人们找到，包括行星引力、在空中解体碎裂、物质通过彗尾耗尽等。

通过这些我们可以知道，我们的地球每时每刻都在迎接来自太阳系的流星雨和彗星的挑战。有科学家曾建议在太空拉网拦截巨大彗星的撞击，虽然这是不可能的，但不能不引起人类的担忧。保护我们生存的地球是我们该尽的义务。

42 石头也可以是“天外来客”

我们通常见到的石头各种各样，它们或躺在大山上，或站在平地里，就连湖泊和河流里也有它们的影子。可是，有的石头却是从天外飞来的，它就是流星。流星飞行的时候，拖着漂亮的尾巴，美丽极了。

在古代，流星是神秘的，当人们看到流星时，往往会因为它的神秘而跪下祈祷。就是现在的人们，也把美丽的流星当成了许愿星，只要有流星划过，就会有人闭上眼睛许愿，这样的事情，你们做过吗？流星之谜，直到19世纪以后才完全弄清楚到底是怎么回事。

在太阳系中，除了卫星、行星、彗星外，还有望远镜看不见的小型天体环绕太阳运转，其中有一大半这样的小型天体，有的甚至比小石头还要小，它们渺小得如同沙砾。当地球环绕太阳碰到它们时，它们相对的速度可以高达每小时数十千米，甚至最高可达每小时100千米以上。如果以

陨　石

这样的高速撞上稠密大气的话，它们就会因为巨大的摩擦力而被加热到极高的温度，即使它们比铁还坚硬，比石头还顽固，也会被燃烧。事实上，我们看到的流星就是它们在大气层中烧化的过程，绚烂明亮，是天空中一道亮丽的风景。但当流星落进地球表层后，我们就叫它陨石，意思就是：陨落的石头。

其实在各个国家的文献里，都曾记载过陨石穿过大气层落地的壮观场面。古代的阿拉伯也曾经有过这样的记载："599 年，摩哈仑月末日，群星乱舞如蝗；人众具惊，皆告于无上之神；若非神使将至，胡有此异象，愿祈福祉。"也就是说，在公元 599 年的摩哈仑月里，发生了一次流星雨，群星像蝗虫一样胡乱飞舞，大家以为到了世界末日，纷纷跪下向上天祈福。

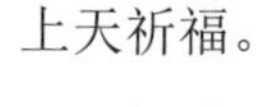

月球陨石

还有一次流星雨被详细记载了下来。记载这一历史时刻的是天文观测者洪保德(Humboldt)。那是 1799 年 11 月 12 日，在安第斯山脉，一场流星雨划破夜空降临到山脉上，洪保德记录下了这一壮观场面，但他没有深入地去研究它。

时隔 34 年后的 1833 年，有位叫奥尔勃斯的天文学家又观测到了一场流星雨，他不但实时记录了这一自然壮观的场面，而且他还预言，34 年后，将会再次发生流星雨。果然，在 1866—1867 年间，他果然发现了多次流星雨。他经过两年的细致观测后发现，原来流星雨和彗星有关。

要想把彗星和流星之间的关系解释清楚，我们就要先画出流星的辐射

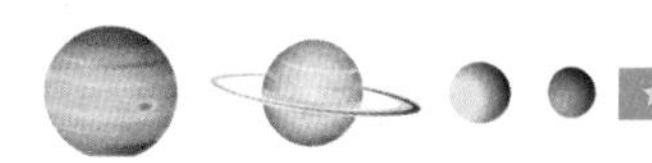

点。当流星雨来临时，我们用笔把每一颗流星划过天空的轨迹画下来。当我们把这些线往回延长时发现，它们会在天上的某一点上聚会。8 月的流星雨中，它们的聚会点是英仙座；11 月份的流星雨中，它们的聚会点是狮子星座。这就叫这一流星群的“辐射点（radiant）”。

但是，你们不要以为它们都会聚集在那一点上，它们也可以是平行的，就像“没影点”。 没影点的意思这样解释你们就会很明白的，就像咱们看到的两条铁轨一样，本来它们是平行的，但是越往远方望去，它们的间距就会越近，最后汇成了一个点。所以，流星运动的路线可以在离这一点的 90° 以内的任何地方出现。

掌握了这一方法后，天文学家勒维耶在 1866 年流星雨后不久，便开始计算这些流星的轨道了。而在同一年，另一位天文学家奥伯尔兹也在研究流星雨，由他计算出流星雨的发生周年为 33 年，但他忽略了别的流星群的相似之处。

后来，一位叫斯克亚巴列里的天文学家发现，勒维耶的 11 月流星轨道与奥伯尔兹的彗星轨道惊人的相似。追本溯源后他发现，来自于 11 月份的流星雨就是来自于流星雨所追随的那颗彗星！事实证明，这些流星最先就是彗星的一部分，后来经过燃烧后，才慢慢分离。在它们渐渐远离后，还会沿着大致的轨道继续一同前进，直到落入地球表层，成了我们地球上不可多得的天外来客，为研究天文学提供有力的证据。

43

沉默的陨石密码

既然陨石是从天外来的客人，小朋友们想不想知道它们给我们带来了什么礼物？事实上，它们带来的礼物远远超出了我们的想象，竟然和我们的生命息息相关。

我们知道，陨石来自于广漠的宇宙，是某个星球的一部分，它们穿越浩瀚星空来到地球，落入地球表面，有的被爱好陨石的人们收藏起来了，但大部分是找不到的。这位天外来客想来拜访咱们还真不容易呢！它在高空中经历了高温燃烧的痛苦，有一部分物质被烧尽，却把最珍贵的另一部分矿物质保留了下来。这些穿越千万里而来的星星所带来的矿物质，有很多自身特有的神奇性和非凡性。

孩子们，陨石的种类繁多得简直让你们无法想象，几乎每年都有陨石造访地球，它们姿态万千，形式各异，所含的物质也不尽相同。

陨石有石质的、铁质的，或铁石混合质的，甚至还有不知名的材料组成的陨石。地球上的陨石大多数来源于木星和火星之间的小行星带，也有一小部分来源于火星和月球。来自于月球上的陨石可分为沉积岩和火山岩两大类。月球陨石中常见的硫化物有黄铁矿、陨硫铁、黄铜矿、方黄铜矿等。

常见的各种石陨石的主要成分是硅酸盐，铁陨石的主要成分是铁镍合金，石铁混合陨石的主要成分是铁和硅酸盐混合物。

我们在地球表面上找到的陨石，其表面有一层几毫米厚的灰色或黑色漆，这是因为陨石表面被大气融化后所特有的。陨石的表面上大多有圆孔，有点像拇指按过一样，这是因为难熔的物质熔化后，受压力造成的。

你很难想象陨石坠落地球的数量和重量有多大，最大的可能有数万千克，最小的只有几克重，这些从天外来的星星会为我们带来什么呢？

科学家们在研究陨石后发现，陨石里含有我们所熟知的元素，如：铁、钴、镍、铬、镁、锰、钛、铜、锡、钾、磷、氮、硫、碳、氢等。陨石还含有矿物质，如：橄榄石、顽火石、辉石、长石、灰长石、石墨等都含有矿物质。

陨石里的矿藏丰富，元素含量也不低，但在所有陨石中，人们还没发现一个含有贝壳、化石、砂土、石灰的像地球外壳一样的陨石。

从这些陨石来看，它们是从不同于我们地球的天体上飞来的。但科学家们发现，陨石的组成很像地球地下几千米深的矿物质和岩石，它的致密物质只能在地球上火山喷发时或被压力从岩脉间挤上来，才被我们看见的那些物质一样，这些在地面上是绝对找不到的。

陨石和地球的深层岩高度相似，这真是不可思议。人们发现，在相隔很远的时期里落下的陨星，结构几乎都是相同的。人们在不同的地区和不同的时代找到的陨石标本几乎都是一样的。于是，科学家们推论：这些陨石大部分都有一样的来源，它们所来源的天体一定像地球最初的模样，没有海洋，没有沉积岩，更没有水和空气。

所有的陨石都含有很微量的天然放射物，科学家想借助陨石的放射性去测定它们的年龄。每克陨石中含有一千万分之一克的铀。这种铀原子的一半在 45 亿年中发生衰变，它先造出铀和氦，最后衰变成稳定的铅。经过研究这些才知道，几乎所有的陨石都比我们的地球年轻。既然陨石类似地

球早期的结构的话，那么，我们经过研究陨石的结构，以及它的致密程度，就不难得出那个年代的温度和压力等。

看了以上科学家们的分析，你会想到什么呢？你会不会觉得，来自陨石的星球比地球年轻，而它们所含的矿物质和化学元素也和我们地球一样。那么，很多年以后，它会不会也变成另一个地球呢？很多年前陨石落入地球的那个星球，是不是现在已经有生物存在了呢？

所以，陨石里还有很多我们不了解的密码等着我们去解开！

44 星星朝你眨眼睛

在繁星满天的夜晚，我们习惯于抬头看星星，有时会看到星星冲我们眨眼睛。它们一忽儿这儿眨一下，一忽儿又那儿眨一下，像很多调皮的小孩子在玩捉迷藏！因此，古代的人就给天上的星星取了无数个人类或动物的名字，如：天狼星、织女星、小熊星座、白羊星座等。

其实这些都是人们赋予星星的美丽神话。要想弄清星星为什么冲我们眨眼睛，就要先学会分析恒星的光线谱，要想了解恒星的光谱，我们就必须先要了解恒星的温度。

在生活中，当一块金属物热得发出蓝色时，其温度远比热得发红时要高得多。所以，我们就可依据这个道理推断出，蓝色星的大气温度比红色星的要高。经科学家们研究证明，光谱序就代表温度降低的次序，依据光谱序，得出了各光谱型的恒星的温度值。

那么，什么是光谱序呢？下面我们就来说说恒星光谱的摄影研究。这一研究已经在哈佛天文台进行了将近 50 年。进行光谱摄像用的是物端棱镜。科学家们刻苦地研究，将近 25 万颗恒星的光谱记录在案。人们只要查考一下 H.D. 星表，就可以得到其中任何一颗星的亮度与谱型。

天文学家们用分光仪来分析天体的光谱。他们用一枚或多枚物端棱镜，或另外加一光栅，把光分散成一道色带，像彩虹一样，这就是“光谱（spectrum）”。从可见光谱的一端到另一端的次序是：紫、靛、蓝、绿、黄、橙、红，其间还有渐次的光色等级。

天体的光谱分析最初是由德国物理学家约瑟夫·冯·夫琅禾费（Joseph von Fraunhofer）开始研究的。夫琅禾费1814年用自制分光仪观察日光时发现，有许多细暗线花样经过光谱。他把光谱中从紫色到红色的光线上面明显的暗线花样用字母作符号一一标识出来，形成了光谱系统。这一系统到现在还保留着。这样，黄色区中两条相连的暗线便是D线。1823年，夫琅禾费又第一个考察恒星的光谱，他在恒星光中发现了很多暗线花样，这些暗线随着恒星的红色程度增加而变得复杂。

德国物理学家基尔霍夫（Gustav Robert Kirchhoff）用他著名的定律解释了这些暗线花样的意义：一种发光气体的光谱通常是黑暗背景上各种颜色的谱线的花样，花样也便因构成这气体的化学元素的不同而各有特色。正像一座无线电台用各种不同的波长播音都可以通过调谐检验出来一样，发光气体中每种化学元素也可以由它发射的特定光波的长短辨识出来。

在所有研究过的恒星光谱中，除了少数例外，都可归并成一条相连的序列，一颗将要被研究的星的光谱，差不多都能配上这一序列中的某一处。这些序列平均隔开，并用字母OBAFGKM代表。字母与字母之间都分为十个部分。如：我们研究的一颗恒星的光谱的线纹花样正在标准花样AF的正中间，那么，这颗恒星的谱型便是A5。这种表示恒星光谱的方便办法是哈佛天文台初创的，被称为德拉伯分类法。

最热的恒星定为O型，O型星的表面温度是最高的，大概是30000～60000万K（K是热力学温度单位，0℃=273.15K），简直热得惊人。一般我们都会觉得很热的物体通常会呈现出烧得通红的状态、发出的也是红色或黄色的光，然而在天文学中，越热的星体呈现的反而是越偏于蓝色的光。

在B型恒星光谱中，氦线占优越地位。氦是一种充飞船和气球的气体。猎户座腰带三星正中的那一颗星就是典型的氦星，在太阳光球中第一次被

发现。

天狼星　织女星

A 型光谱中，氢线占优越地位。如：天狼、织女星的光谱，有显著的氢线存在。最轻的元素氢是各型恒星光谱中都有的，这型星都是蓝色的，其线纹花样是从蓝色到红色的渐次排列。

F 型星的光谱中，氢线较少，钙、铁等金属线很多。如：北极星和南极老人星（Canopus），都是带黄色星。

G 型星中太阳的光谱线是代表，它是一颗黄色星，光谱中有数千道金属线。

K 型星中，大角星属于这一类型，它的光谱中金属线更为显著。

M 型星以及 K 型之末的红星，如：天蝎座的心宿二和猎户座的参宿四，它们的光谱中，宽带褶纹和许多暗线都能看见的。

孩子们，要想了解星星为什么会对我们眨眼睛，除了以上知识点需要学会外，还要掌握各个恒星的温度，一般蓝色星的表面温度约 10000℃到 20000℃，或者更高。黄色星的表面温度约在 6000℃上下，红色星的表面温度约在 2000℃上下。

恒星的温度是随着深度的增加而增高的，到了恒星地壳的中心，温度也许会高到千百万度。

当我们了解了恒星的色谱后就会知道，色有波长也有波短。当这些色谱穿越大气层时，又会被大气层的冷热空气所左右，冷热空气交替，使大气层动荡不定，大气层的厚薄也不一。当波长或波短的光线穿过厚薄不一的大气层时，发生了折射，当这些星星的光谱传到我们眼睛时，就会看见它们忽明忽暗，好像是忽左忽右地在眨眼睛了。星星冲你眨眼睛，其实包含了很多天文知识在里面。

45 天空中最亮的北极星

你们喜欢在晴朗的夜晚观看星星吗？你们认识北极星吗？它在古今中外可是有名的星星呢！

北极星，顾名思义，就是亮在最靠近北极的那颗星。每当晴朗的夜晚，我们抬头仰望星空的时候，在偏北方向的地方，有一颗明亮的星星就是北极星。它是最靠近北天极的一颗星，西方人叫塞纳久（Cynosure）。北极星距地球约434光年，是恒星中亮度和位置都较稳定的一颗恒星。

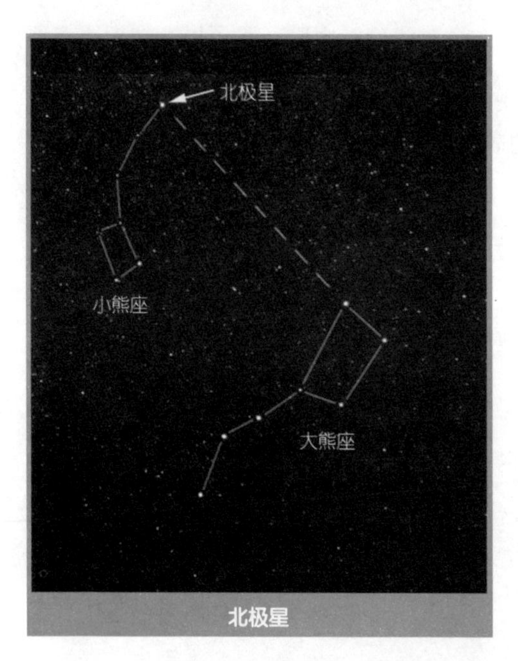

北极星

因为北极星的位置相对稳定，给人以很忠诚的感觉，感觉它有着自己不变的信念，常年坚守在北方。所以，当人们仰望北极星时，总会浮想联翩。

当你野外活动时迷路了，

它会指引你回家的方向；当你在生活中遭遇困难时，看看坚定不移、始终守护着你的北极星，你就会信心倍增，增添与困难做斗争的力量。

为什么北极星的位置会比较稳定呢？原来，它离北天极很近，差不多正对着地轴，它又处在地轴的北部延长线上，无论地球怎样转动，它始终在地球的轴心延长线上，而且距离地球很遥远，就算是北极星有所移动位置，在北半球上看起来，它的位置还是很恒定的，它是航行家用来辨别方向的一颗定位星。

前面我们已经说过，每颗恒星的位置都不是恒定不变的，他们都会成一条线的规律向一个方向运动。北极星也是如此。每隔25800年，北极星就要循环一次。如：在麦哲伦航海时代，北极星距离北天极有约8°的角度差，而到了今天，北极星的角度差只有40′，它现在更靠近北天极了。有天文学家根据恒星引力和地轴摇摆计算出，到公元2100年，北极星将会到达北极点正上方最靠近北极的地方，它将距离北天极28′。此后，它将慢慢远离北天极，又会做一次循环，到公元14000年，它的位置将在织女星附近。

北极星属于小熊星座，也就是小熊星座的“尾巴尖”，它在小熊星座中是最亮的一颗星。它的光谱型为F型，是黄巨星，质量约为太阳的4倍，它是离地球最近的一颗亮星，也是一颗三合星。它较远的伴星（Polaris B）必须使用小型望远镜才能清楚观测到，它较近的那颗伴星（Polaris）因距离北极星太近太暗，肉眼无法看得见。

北极星直到2005年8月，才由哈勃望远镜拍到影像，它在很靠近地球北极的天空中熠熠生辉。北极星是古代航海、现代野外活动的一个辨别方向的重要标志，还是观星入门的一个方向星座，更是观测室赤道仪、天文摄影等定位的一个重要坐标，它的位置很重要。

但是现代城市的灯光太明亮了，空气雾霾又太严重，人眼很难分辨出哪一颗星是北极星。如果遇到晴朗的夜晚，需要仔细辨别才能找出。其实

大熊星座　小熊星座

要想找出北极星并不难，在晴朗的夜晚，找到大熊星座，在大熊星座的背部有七颗星星，像一把勺子。在斗口的两颗星叫天枢星和天璇星，它们连线的延伸处，大约 5 倍远的地方，就是北极星，也就是小熊星座的尾巴尖。

此外，北斗星的天权、天玑二星连线，与摇光、开阳二星连线的交点，再与玉衡相连后延长七倍，也可以找到北极星。另外，仙后座 W 形状的左右两条边连线的交点，在与最中间的恒星连线，然后再延长五倍，也是北极星的位置。

初学星座的辨认，只有找到了最好辨认的、位置又恒定的北极星，才可以依次来找其他的星座。我们一定要认准北极星的准确位置，这对以后学习天文知识很重要。

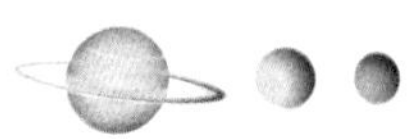

奇妙的星云

说到星云，我们还得提提赫歇耳氏一家。在天文学还不完善的古代，人们把银河中的星星和天上暗淡无光的光斑都称作星云。自从赫歇耳氏一家的约翰·赫歇耳、威廉·赫歇耳、卡罗琳·赫歇耳观察、记录后，又发现了很多具有特殊名字的星云，如：北美洲星云、三叶星云、猎户座大星云等。

其中，较为明亮的星云的名称通常会用梅西耶做的103星云表中的编号来命名。查尔斯·梅西耶（Charles Messier）是法国近代天文学家，是他给星云、星团、星系编上了号码。但是现在的星云大都用的是德维尔（Dreyer）的新表中的号数。他的星表共有两部，内含13000个星云和星团。

早期的天文学家对星云的定义各持不同意见。康德（Kant）揣测它们是遥远的星系；而威廉·赫歇耳却下结论说星云是一种不同于恒星的另类物质，是一种发光的流体；法国物理学家拉普拉斯（Pierre-Simon Laplace）则认为，太阳系是由一团气体星云凝缩而成的。

但是，瞭程更远的望远镜问世后，发现很多星云是由集聚的恒星形成的。但也有很多发光流体组成的星云，就像威廉·赫歇耳下的结论那样。

1864 年，英国天文学家威廉姆·哈金斯爵士（Dr.William Huggins）用他的分光仪对着天龙座星云观察后发现，有一种明线花样在闪现，这正是一种发光气体的光谱！这也证实了威廉·赫歇耳下的结论。但还有一些星云，既有恒星光谱的暗线花样，又有流光气体的明线花样出现，这样的光谱很难判定星云的性质。所以，星云的秘密还有待于我们去发掘。

我们银河系中的星云团现在都已经区分出来了，大致可分为两大类：行星状星云、明的和暗的弥漫星云。

明亮行星状星云和行星毫无相同之点，它的名字是因为在望远镜中看到它们成椭圆面，像很扁的球形星云物质而得名。它们比行星大很多，有的甚至比整个太阳系还要大。据统计，现在已知的行星状星云有 1000 多个，它们都差不多有同样大小，只是因为距离的不同看起来有大小之分罢了。行星状星云的面上，明暗不同，“夜枭星云”位于大熊座中，因在望远镜中看到它有两块黑色斑点，很像枭的两只眼睛而得名。在狐狸座中，“哑铃星云”因其椭圆长轴两端呈现黑暗，看起来像哑铃而得名。

行星状星云中，有的有点像土星的光环，光环的边对着我们；有的又有一些同中心的环；还有的有厚环，圆面中部就会被遮住变黑。

奇妙的星空

行星状星云和其他天体之间关系，至今还是一个谜。有人猜测，它们和新星有类似处，行星状星云有气体包裹，新星也有，而新星在向银河聚拢，行星状星云也在很强烈地向银河集中。1918 年，天鹰座新星爆发，它的四周就有一层云状壳，这壳层以

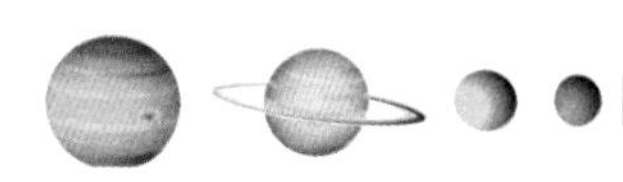

每日 8000 万千米的速率迅速膨胀，成长为一颗新星。也就是说，以后的亿万年里，有的行星状星云可能会爆发成为一颗新星。

星云中的弥漫星云分明亮星云和暗淡星云，而明暗星云又是相辅相成的。猎户座的大星云是最著名的明亮弥漫星云。我们用肉眼看来，它是猎户佩刀三星最中间的那一颗，在腰带上较亮三颗星的稍南一点的位置。但我们用望远镜观察时会发现，它是一块大约三角形的发微弱光辉的物质。表面看起来，它的面积约为满月的二倍，但实际上却是一块 10 光年左右大的超大云。用大视场透镜经长时间曝光拍摄的照片可以看出，还有一层更暗的星云笼罩着大部分猎户座。

在人马座中的三叶星云也是明亮弥漫星云，乍一听“三叶星云”的名字，你们会不会想象成它们是三片叶子呢？事实上还真和三片叶子有些像，不过它们是因为有宽阔的黑暗的裂纹在上面，其实那些是许多的暗星云，它们和发光物质连在一起，远远看来黑暗的裂纹把明亮星云隔开，就像三片叶子了。

在昴星团中，最亮的几颗星也都裹在星云中。当用照相机照出星云裹着的星座照片后发现，星云给星座增添了无穷魅力，北美洲星云便是如此。威廉·赫歇耳在照片中发现，这个星云因为外形很像北美洲地图而得名。同星座中还有一个卵形环状星云也在逐渐膨胀。于是就引出了一种假说，认为这是一颗恒星爆炸的结果。但如果它的膨胀率不曾改动的话，这颗新星的强烈爆炸一定发生在十万年前。它的环中最亮部分称为网状星云和丝状星云，顾名思义，网状星云呈网状，丝状星云呈丝状。

这类星云已知的最大星云是大麦哲伦云，它被称作剑鱼座 30 号（30 Doradus），直径约为银河系的 1/20。

弥漫星云是由气体和微尘组成的云。气体和微尘物质散布得稀薄，竟比实验室中所得的真空密度还要小。因为云层的厚度非常可观，才使我们能够一睹它们的风采。假如我们就住在弥漫星云中，我们是觉察不到它的存在的。

剑鱼座

既然星云是由稀薄的物质组成的，它们就不会发光了，可是我们所观测到的星云都是发光体呀。这个问题一直困扰天文学家很多年。后来，一位叫哈勃的天文学家给出了正确答案。他用威尔逊山的大反射镜研究出，星云的发光是借助于邻近的恒星。它们的光亮程度也是由邻近的恒星所决定的。恒星愈亮，这云状光所及的范围也愈大。

但有的星云也会自发光，因为在分光仪中可以探测到，它们有流光气体的明线花样出现。许多年来，科学家们都为星云光谱中的明线所疑惑。这些线中有的是氢氦元素，但还有一些星云光谱的明线是在实验室中从未见过的，这种元素暂时叫作“氦”，然而“氦”并不是一种元素，是人们对这种未知的光线的一个暂定名。于是人们就想，这种明线是由寻常的氧氮元素在星云的非常情形中产生，这种情形是绝不能在实验中复制的。因此这奇异的明线问题便算是解决了。但这仅仅存在于设想中，真正的谜底还有待于我们去研究发现。

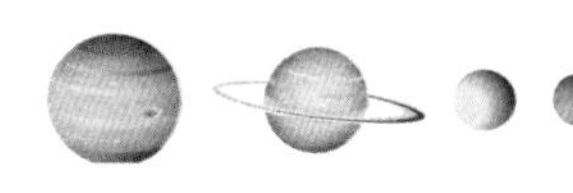

47

白矮星——宇宙中的巨大钻石

天文学中，第一颗被人类发现的白矮星是三合星的波江座40，它的成员是主序星波江座40A、波江座40B、波江座40C。波江座40B和波江座40C是威廉·赫歇尔1783年1月31日发现的。1910年，美国天文学家亨利·诺瑞斯·罗素（Henry Norris Russell）、爱德华·查尔斯·皮克林（Edward Charles Pickering）和威廉·佛莱明（William Fleming）发现，波江座40有一颗暗淡不起眼的伴星，而波江座40B的光谱类型是A型或是白色。

有许多暗淡的白色恒星终于被发现，它们都是紧邻地球的低光度天体。1922年，当威廉·鲁伊登在说明这种天体时，首次用到了白矮星这个名词，这个名词随后被亚瑟·爱丁顿演绎，沿用至今。

第一颗不是典型的白矮星直到1930年才被辨认出来。到了1939年，人们已经发现了18颗白矮星，到1950年已经发现了100多颗白矮星，到1999年，已经发现2000多颗白矮星，之后从史隆数位巡天（SDSS）观测资料中发现的白矮星就超过了9000颗。

2014年4月，天文学家发现了一颗有110亿年寿命的白矮星，它超低的温度已经使它碳结晶化，成了一颗和钻石一样结构的星球。它在水瓶座

白矮星

的方向，距离地球约900光年，它的面积和地球差不多，它的年龄和银河差不多。和它差不多的半人马座一颗名为“BPM37093”的白矮星，也属于钻石级的白矮星，它们的密度、分子结构和地球上的钻石相仿，但它们每立方厘米可达10吨左右的重量，不是人类身体所能承受得了的。

2015年2月13日，西班牙马德里国家天文台科学家在行星状星云的中心发现了两颗白矮星，它们是由白矮星构成的密近双星。据观察，这两颗白矮星彼此近环绕旋转，它们因为辐射引力波而盘旋着。这两颗白矮星，总质量大约为太阳的1.8倍，它们每4个小时相互绕转一周。这是迄今为止发现的质量最大的白矮星双星，当这两颗白矮星合并为一体时，将会发生一场失控的热核爆炸，诞生出一颗超新星。

但是，两颗白矮星合成的恒星质量太大，会超过白矮星的密度，它会在自身引力的作用下坍缩，紧接着会爆炸成一颗超新星。

2015年3月15日，有一位澳大利亚天文爱好者在射手座（人马座）的中心位置观测到一颗明亮的星体，它的亮度约为+6等，在排除了恒星和

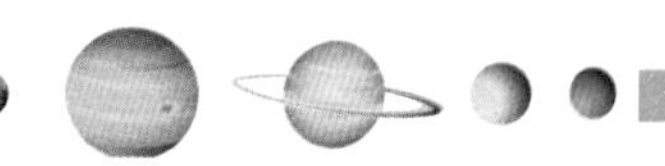

小行星的可能性之后，认定这是一颗新星。同年的 3 月 18 日，有一位日本天文爱好者再次观测到这颗新星时，其亮度为 +5.3 等，根据这个可以推测，它的亮度还在不断增加。这大概就是白矮星爆炸而形成的一颗新星吧。

白矮星的内部可能会出现神奇的“结晶”核体。当大多数恒星内核通过氢核聚变进行燃烧时，它们的质量就会转变为能量，产生光和热量。当恒星内部氢燃料消耗完后，就开始进行氦融合反应，形成比重更大的碳和氧，并形成碳氧组成的白矮星，如果其质量超出 1.4 倍太阳的质量，这颗白矮星就会发生产生超新星的爆发。

据麦克唐纳天文台 2.1 米望远镜对 GD518 白矮星观测后发现，它的表面温度已经达到了 12000 度，质量为太阳的 1.2 倍。根据以上恒星演化的推论，这颗白矮星正在进行“脉冲”式膨胀和收缩，这就说明它的内部已经不稳定了。科学家们预测，它的内部已经出现了结晶或凝固现象，已经形成了一定半径的“小结晶球”，这颗白矮星又将爆发成一颗超新星。

白矮星实际上就是演化到晚年期的恒星，当恒星演化到晚期后，它抛射出大量的物质，当它损失大量质量后，如果它的核质量小于 1.4 个太阳质量，那么，这颗恒星便可能演化成为白矮星。但也有人认为，白矮星的前身可能是行星状星云。无论它是怎样演化来的，但它的中心通常都有一个温度很高的恒星——中心星。当它的核能源耗尽时，整个星体开始慢慢冷却、晶化，成为一个具有钻石质量的老星。它们甚至会“死去”，躯体会变成一个比钻石还硬的巨大晶体——黑矮星。

无论它的价值有多不菲，但是，它们的质量是人体所不能承受的，广漠的宇宙才是它们最合适的家。

48

恒星世界里的“侏儒”和“巨人”

恒星也像人类一样，有巨人和侏儒呢！大多数恒星的光辉都是毫无变化或变化甚微的，但也有许多恒星的辐射能量经常改变，这种星叫作变星。

天文学家发现的第一颗变星是鲸鱼座中的Mira，这颗星是在1596年被发现的。那时候人们觉得它很神奇，它时而变得明亮万倍，时而变得暗淡无光，这样往复变化的周期约在11个月左右。参宿四是红巨星，它的变光很小，而且极不规则。但也有很多的星的变光是不可预测的。

第二颗被人们发现的变星叫英仙猓，它是一颗交食双星，是两颗互相掩蔽的星体，它本身没有亮度。

从发现变星到现在，变星的数目在逐渐增加，1686年，基尔希（Kirch）发现了天鹅X星，1704年，马拉迪（Mamldi）发现了长蛇R星等。迄今为止，科学家已经发现了两万多颗变星。

有一种变星叫“造父变星（cepheid variable stars）”，这名称最初是从仙王座S星（Delta Cephei）得来的。大多数标准的造父变星变光周期和方式都极有规律，周期在一星期左右，它们都是黄色超巨星。它们在最亮时要比最暗时多一个全谱型的程度。还有一少部分造父变星并不符合这样的标准，它们和恒星有很多相类似的地方，却又不尽相同。它

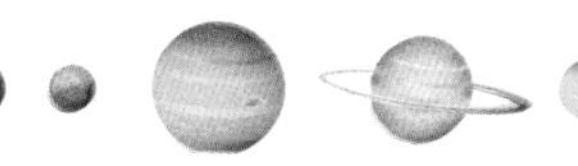

恒星世界

们通常出现在大球状星团中，所以叫作“星团造父变星（cluster-type cepheid)”。它们的变化周期约在半日左右，都是些蓝色星，它们都是肉眼所看不到的星。

星里的“巨人”是怎么“长大”的呢？原来，造父变星的膨大起因是星的脉冲。大多数恒星的脉冲是一胀一缩的，内部热量产得多了使星胀大，胀大到一定程度又冷下去。而造父变星的脉冲明显区别于恒星，造父变星最亮时并不是它最紧缩时，它在这一周期的四分之一时向外膨胀得十分厉害。

有很多中低质量的恒星，在度过生命期的主序星阶段时，在核心进行强烈氦聚变，将氦燃烧成碳和氧，形成三氦聚变，并膨胀成为一颗红巨星。当红巨星的外部迅速膨胀时，其反作用力却在向内强烈收缩，红巨星内被压缩的物质逐渐变热，内核温度甚至能超过一亿度，这时候，氦开始聚变成碳。

几百万年后，氦核燃烧殆尽，红巨星的外壳仍然是以氢为主的混合物，

在它下面是氦层，氦层内部是一个大碳球。这时，氦反应过程变得更加复杂，红巨星中心的温度继续上升，最终会使碳转变为其他元素。

与此同时，红巨星外部半径时而变大，时而又缩小，脉动震荡不安。它由稳定的主星序恒星逐渐变成极不稳定的巨大火球，而火球内部的核反应也跟着不稳定起来，忽而微弱，忽而强烈。此时红巨星内部核心的密度已经达到了每立方厘米 10 吨左右。也就是说，此时的红巨星内部已经诞生了一颗白矮星。

当红巨星的不稳定状态达到一定程度后就会爆发，把核心以外的物质都抛离出去，这些物质向外扩散成为星云，而残留下来的内核就是白矮星。所以，白矮星通常都是由碳和氧组成的。但也有例外，有的红巨星核心温度可以燃烧碳，但却不能燃烧氖，这样的话，就会形成以氖、氧和镁组成的白矮星。还有极少数由氦组成的白矮星，这是由联星的质量损失造成的。

新形成的白矮星内部不再进行核聚变反应，因此，不再有能量产生。也就是说，整个白矮星是由极端高密度的物质产生的电子简并压力来支撑的。对于一颗没有自转的白矮星来说，电子简并压力能够支撑起白矮星的 1.4 倍太阳的质量。许多碳氧白矮星的质量都接近这个质量，有时候会经由伴星的质量传递，白矮星还可能会由于碳引爆过程而爆炸成为一颗新星。

巨人星和白矮星的关系看懂了吗？它们貌似一个巨人和一个侏儒，实则它们是“父子”或者说是“母子”关系呢！

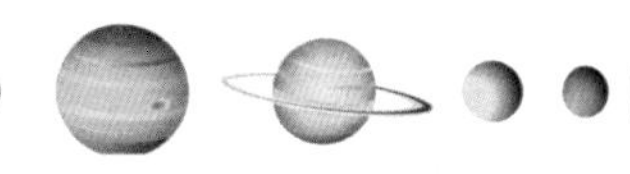

49 恒星身世的那些事儿

你知道恒星是怎么形成的吗？恒星在宇宙演化的理论过程中，科学家们也想弄懂恒星是怎么形成的呢！

大家普遍认为，恒星的前身是星云。星云是宇宙间最原始的材料形态。但是，星云是怎么形成的，大家又弄不明白了。恒星离我们太远，人类无法上去进行研究，所以，科学家们就设计了假说，假如星云是开天辟地的始祖，那么恒星、行星等星群就都是由它而生的了。

德国古典哲学家兼天文学家伊曼努尔·康德（Immanuel Kant）在200年前提出了第一个星云假说，他选定星云是恒星鼻祖的原因是，星云看起来比各种星的物质形态简单。他觉得，演化过程就是由简渐繁的过程。他的这一观点后来大致被传留了下来。

另一位科学家拉普拉斯（Laplace）特别研究了太阳系的发展，他将宇宙演化的星云假说演绎到了另一个高度。

直到20世纪30年代，大家还假定恒星的发展是由明亮星云凝缩而成的。大家还假设，恒星的颜色代表各个恒星不同的年龄。最热的恒星呈蓝色，因此，这类星被认为是最年轻的。根据恒星色谱推算下去，黄色星便是中年恒星了。恒星到了老年后，便成为红色，后又逐渐变红变暗，最后

便消失了光芒，就成了白矮星。

在很早以前，恒星演化的学说是从稀薄星云到稠密星云，或到晦暗的恒星的演化过程。在 1913 年，美国天文学家亨利·诺里斯·罗素（Henry Norris Russell）又将这一学说深化了。他指出，从蓝星到红星的程序可分为两支：一支包含太阳在内的较小的主序星，它们越红越稠密，越渺小；另一支包含比太阳更大更亮的巨星和超巨星，它们中的红色星最大最稀薄。为了解说这一新论据，又有了新的恒星发展学说，在以后的研究中被广为采用。

根据他的推论可以发现，宇宙中的恒星是可以互相转变的。恒星先是由暗星云凝缩而成，最初是红色星，温度很低，表面上并不亮。但因为它们面积太大了，所以也就成了最亮的恒星了。但等它到了老年星后，就会变小。但经过反向推论后会是另一个结果。当恒星到了某一个时期时，其凝缩所产生的热量比辐射出去热量要多。它们就会越来越热，会从红星变成黄星，再演变成最热的蓝星。成为蓝星后，凝缩减慢，它所得到的热量比放出的热量少了。这颗星以后又渐渐冷却，颜色由蓝色变成黄色又变成红色，最后停止了发光。

或者说，如果将来恒星在某一时期中没有了星云，那么，一切恒星是不是将不会存在了呢？

以上这两种学说都是以星云开始，以暗星终止的。这两种假说都是以凝缩为要点来论述的。要想证明这两个假说是否正确，着实不易。因为宇宙发展过程很缓慢，也极难追寻其踪迹，距离我们又远，我们很难上各个恒星上去探查研究。所以，我们很难拿出确切的证据来证明恒星是不是在不断凝缩的。

恒星的演化是一个复杂而漫长的过程。现在的天文学认为，恒星的终态有三种：一种是大质量的恒星在燃烧完自己后发生爆炸，其残片飞向宇宙，而后重新聚集成星云，成为新恒星的诞生地。

第二种是超新星爆发后留下一个中子星或夸克星的中心天体，它发出规则的脉冲，成为我们熟知的脉冲星。这种脉冲是一位叫休伊士的女科学家发现的，她最初以为是外星人发的信号。

第三种是恒星发生引力的进一步塌缩，形成黑洞。这一种论点也是目前科学界的热门话题。

无论是哪种假设，恒星还是诞生了。但是想要知道这颗恒星的质量就难了。经过观测后发现了数千对星——双星，它们中有很多对是互相旋转的。分光仪又分析出了许多对更接近的双星。双星在某特定距离上，公转周期越短，两颗星合并的质量也就越大。只要把公转周期和平均的分离距离测定以后，计算双星合并的质量就很容易了，而且还能测定双星系中的单星质量。经研究后发现，双星的质量都很平衡，和太阳比，它们的质量是太阳的五分之一到五倍。

我们得到了恒星的质量后，对它的面积又很好奇了。所幸的是，现代的最大的望远镜帮了忙。直接测量一颗恒星的大小是不可能的，即使是最小的星球也没办法做到。1920 年，迈克尔逊式测量恒星直径的干涉仪出现了，它最初应用在威尔逊山天文观测站。我们已经测过的最大的恒星是心宿二，它的直径约为 6.4 亿千米。参宿四的直径约有它的一半。所以，这些红巨星的体积都是大得不可思议的。

我们知道，恒星的质量大致是平均的，体积却相差很大。所以，恒星的密度也就产生了极大的差异。红巨星中的物质分布非常稀薄，如心宿二的密度，就只有我们地球上空气密度的 1/3000。而白矮星的密度却正和红巨星相反，它紧致到了不可思议的程度。而天狼星的暗弱伴星的密度约为水的 3 万倍。如果根据咱们已知的物质来计算的话，在那种极高温的情况下，整个星球怕是要被压得粉碎了，但它们还是好好存在着。那么，组成它们的物质就一定是地球上所没有的更紧密的物质了。

在恒星中，还有一种被科学家叫作“新星”的恒星，又叫超新星，古代称其为客星，也就是说，它像客人一样，是突然出现在天空的明亮的星。其实这种新星并不是刚刚诞生的星，而是变星中的一种。当恒星步入老年后，它的中心就会向内收缩，外壳就会向外膨胀，它会抛掉外壳释放大量的能量，当它的能量大量释放的时候，它的亮度会比平时增加无数倍，让我们感觉是它“突然”出现在天空了，其实它一直在天空中存在着。

在恒星中，还有一种比白矮星的密度更大的星——中子星。它的密度为每立方厘米 $8\times10^{13}\sim2\times10^{15}$ 克之间，也就是每立方厘米的质量竟为一亿吨之巨！半径十千米的中子星的质量和太阳的质量相当。也就是说，如果地球按照这个比例压缩的话，其直径只有 22 米！

中子星同白矮星一样，是正处于演化后期的恒星，也是在老年恒星的中心形成的，它在形成过程中，质量更大。但和白矮星更大的区别在于：白矮星的物质结构在最大密度范围内时，电子还是电子，原子核还是原子核。而中子星里的压力太大了，白矮星中的简并电子压被压缩到了原子核中，和质子合并为中子，让这颗星里的原子变得仅由中子组成，所以被称为中子星。除去表皮后，实际上中子星就是一个巨大的原子核。中子星也是脉冲星，它最后的命运也和白矮星相似，会爆发出一颗超新星，直至最后成为黑矮星。

最近科学家们一直对宇宙中的黑洞做研究。“黑洞”这个词最早来于美国的物理学家惠勒（John Archibald Wheeler）。是惠勒在 1968 年发表的一篇名为《我们的宇宙，已知的和未知的》文章中首先提出来的。他觉得引用“引力坍缩物体”这样的词绕口，就创造了一个形象词“黑洞”。黑洞引力场太强大了，就连光也不能逃脱出来。科学家根据广义相对论研究出，引力场将使时空弯曲。当恒星的体积很大时，恒星发的光可以是直线射出，对时空没有多大影响。但当恒星半径小时，时空弯曲作用就加大了。等恒

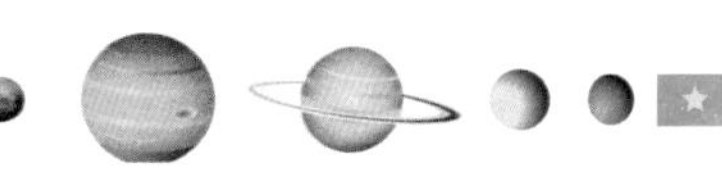

星的半径小到特定值时，就连垂直表面发射的光都被捕获了。这时候的恒星，就变成了黑洞。

恒星里的奥秘太多了，它的出生、它的成长，还有它衰老后的去向，都有待于我们去进一步证实。

恒星世界里的代沟

通过分析太阳的光谱，我们知道了太阳中所含的各种元素的比例，氢和氦占绝大多数。太阳中还有更重的金属元素在里面。太阳里还含有较多的碳、氧、氖、氮、铁等，含有少量的硅、硫、镁，还含有更少量的镍、氩、钙等。

自从有历史记载我们就知道，太阳一直这么日出日落着，标准而永恒。人们也一直以为宇宙中各个恒星都和太阳一样，以为它们所含的金属质量也和太阳相同。科学家深入研究后发现，它们的差距实在太大了。银河系中的恒星所含有的金属分为两大类，一类和太阳差不多，另一类所含的金属很贫乏，被称为贫金属恒星。上面我们已经说了，恒星是在星云中诞生的，所以，它所含的物质成分取决于诞生它的分子云的成分。我们可根据现在观察到的分子云的成分推断出，这两类恒星形成时的环境是不同的，时间也就不一样了。

经过进一步分析富含金属的恒星后发现，它们主要分布在银河系上，在疏散星团或旋臂上的恒星形成区里存在得最多。在这些恒星中，有很多大质量恒星存在。我们知道，大质量的恒星寿命很短，所以，可以判断出这些富含金属的星是刚诞生不久的恒星。我们把它们叫作“星族Ⅰ”。

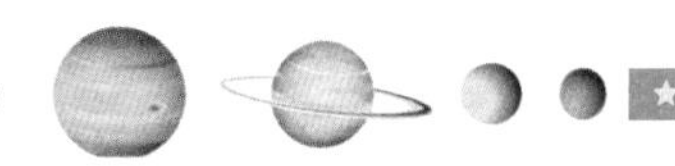

贫金属的恒星基本上分布在银河系的晕中，它们都是些年老的小质量恒星，我们称它们为“星族 II”。从这点上我们可以看出，星族 II 比星族 I 更早诞生。它们中的“侏儒”型的白矮星一直留存到今天，成了“钻石级”的恒星。而那些巨大的恒星在诞生不久就死亡了，它所含的金属元素等物质通过星风、行星状星云、超新星爆发等形式，被送入了星际空间，被别的星系所俘获，使得此后生成的 I 恒星可以包含更丰富的金属元素。所以，星族 II 比星族 I 形成得早而又灭亡得晚，简直就是星族 I 的父辈呀！

另外，从恒星的颜色和温度中也能知道各颗恒星诞生的年龄。一般来说，蓝色的恒星火焰温度最高，它们的年龄应该是在盛年，就像人类的 40 岁；呈现白色的恒星是青年恒星，就像人类的 30 岁；呈现黄色的恒星一般也很年轻，就像人类的 20 岁；呈现红色的恒星属于十几岁的少年，它们是刚刚形成的恒星。但是，如果反向推论的话，蓝色星还是正值壮年，而白色星和黄色星就将步入老年了，红色星也许已经到了花甲之年。

从理论上讲，宇宙中应该还含有它们的祖辈——星族 III。这些恒星中除了氢和氦，应该没有其他任何金属元素。找到这些爷爷奶奶级的恒星，是现今天文学的重要课题，更是我们以后所要研究的重大课题。

51

恒星里也有孪生兄弟

孩子们，在你们周围，一定见过一般高，一样长相的双胞胎兄弟吧？他们有共同的特征，有一样的走路姿势，就连眨眼睛的神情和说话的腔调都是一样的。我们是他们的朋友，却分不出哪个是哪个，就连他们的父母有时候也会分辨不出来。但是，他们又有各自的不同，性格、爱好、学识，都会在生活中有所区别。

在恒星中，有许多星是成双的，它们距离很近，光亮美丽，远远看去，就像一对孪生兄弟。

当我们把小型望远镜瞄准十字星座末尾的天鹅星，就会看到它像天空中的蓝宝石一样熠熠生辉。它所伴着的另外一颗8倍暗的亮星呈现黄色，它们的光辉互相映照，非常好看。

有些双星用肉眼能分辨出来，但有些距离我们遥远的双星却需要用望远镜才能分辨。

神秘的天空中，这样的奇观还有很多。巨蟹是由三颗差不多亮的星星组成的，它们可是三胞胎兄弟呢！

当我们用仪器分析它们的光学性能时发现，当双星升起的时候，只有一个中心斑点，随着它露光的时间加长，接着会出现两个或者三个衍射环，

它们直径不变，但中心斑颜色会变得浓厚一些，直到分离成两颗星。最后，它们又会合拢成一颗星。

在很晴朗的天气里，我们不妨用 12cm 口径的望远镜去看看星，透过小倍率的目镜观察到，星象成点状，而且比肉眼看见的要亮 400 倍。当目镜的倍率逐渐增大，到 100 ～ 200 倍的时候，星象就会变成半径为 1 弧秒的小圆轮，而且周围有一个或几个光环，这种奇特的现象是望远镜所带来的。这些光环和圆轮的直径对所有的星都一样，但随仪器的变化而变化。

我们要怎么测量双星的距离呢？人们最早用的测量仪器是在望远镜的焦面上装上两根固定垂直的丝。一根丝装置在测微螺旋的可动度盘上，和另外一根固定的丝成平行状态，这两根丝就是测量用的双丝。当测微螺旋旋转时，测微器旋转的角度就可以在刻度盘上读出了，就可以求得方位角。再将固定的丝压在主星上，将可动的丝压在伴星上，测量的丝恰好能平分双星。这样的测量还可逆测，将固定的丝压着伴星，将可动的丝压着主星再重测一遍。这样两次测微螺旋上读数的差，就是这对双星距离的两倍。这种以毫米来计的读数，因为我们已经提前知道了螺旋的周值，能很容易改为弧秒。而螺旋周值的求得，是利用物镜的已知焦距来计算的。我们或者直接用子午仪测得星的距离。在昴星团里的星，最适合做这种测定了。

此外，人们还发明了好几种测微器，如：缪勒尔测微器，是利用双折射晶体的原理制成的。它可以将双星分解成距离可以调节的两对星来进行距离测定。

而丹麦天文学家赫茨普龙（Hertzsprung）倡导用照相的方法来测量双星。先在物镜前面加上许多平行丝做成的粗光栅。小朋友，有一个很有意思的现象，有的天文学家还用蜘蛛丝作为测量星距的光栅呢！这样的光栅便在主星两旁造成许多假伴星，查看光栅的方位和平行丝的条数就能知道星距。

以前我们曾经提到过威廉·赫歇耳，他可真是个天文界的天才，他想用目测来测量距离近的两颗双星的距离。他认为很接近的两颗星是透视的现象，他想找到视差，去测量因地球环绕太阳而产生的视差位移。但他没有找到视差，却发现两颗星在做互相围绕的运动，它们在空间里形成有物理关系的系统。

赫歇耳在随后的几年时间里，在观测条件很差的情况下，发表了3个星表，星表里包括846对双星，这些双星大部分是他本人发现的。1803年，他宣布了五对星的运转周期。因为他没有赤道仪装置，他的测微器又很粗糙，所以，他不能做出精密的测量。他所发表的五对星的周期，只能说明双星周期的长要用世纪来计算。还有一位双星的观测者威廉·斯特鲁维（Wilhelm Struve），他在多尔帕特观测过795对双星后，为了系统地发现星，他考查了12万颗星。在1827年他发表的星表中，记录了3112对双星。

后来，这两位天文学家的儿子，约翰·赫歇耳（John Herschel）和奥特·斯特鲁维（Otto Struve）继承父业，继续观察记录双星，他们为今后双星的测量做出了巨大的贡献。奥特·斯特鲁维于1853年发表的星表（02）是很有价值的，表内有许多现在还在观测的双星。

近代，有许多天文学家和业余爱好者还在坚持不懈地研究双星，它们的奥秘无穷无尽，让我们展开想象的翅膀，和宇宙里的孪生双星相会吧！

看恒星的“类星体”

听说过食人花吗？食人花生长在美洲的亚马孙河，在沼泽地带和原始森林里可见到它们。它开的花娇艳欲滴，能吸引很多动物去为它授粉，但动物在给它授粉时，会被食人花吞食，然后变成食人花的营养。

食人花

孩子们，你们说它是动物呢？还是植物？想必想要一下子说出答案也是非常费脑筋的事情吧。

类似这样似是而非的事情，其实在星空里也有。有一种星叫“类星体”。我们知道，凡是发光的物体，都可以叫作“光源”，光源可分为点光源和面光源两种类型。点光源在大望远镜中看起来更亮些，但看不到它的结构，恒星就是点光源。而除了恒星以外的天体大多数属于面光源，如：月亮、星云、星团、星系等。用望远镜可以观测到它们的结构细节。

20世纪50年代，随着射电天文学的发展，人们发现有的天体能发射电辐射，也就是无线电波，我们通常叫它们为射电源。天文学家研究后认定射电源是银河系中的恒星的被称为射电星，射电源是银河系外的星系的被称为射电星系。

但在1960年，美国天文学家桑德奇（Allen Rex Sandage）找到了一个射电源的光学对映体，标号为3C48。这个射电源在照片上显现的光学特征很像恒星，但在光谱中拥有很多宽而强的发射线，是恒星光谱所没有的。在当时天文学还不发达的情况下，人们未能识别这些谱线，也不知道它所对应的化学元素是什么。

无独有偶，1962年，科学家又发现了另一个射电源，它的标号为3C273，也是一个类似恒星的天体。1963年，荷兰裔美国天文学家马丁·施密特（Maarten Schmidt）研究后发现，3C273的光谱和3C48很相似。他成功识别出了3C273光谱中的4条谱线为氢元素发射线，只是这些谱线的红移达到了0.158，不易被辨认。不久后，3C48的谱线也得到了辨认，它的红移比3C273还要大。

孩子们，这里有个专用名词叫“红移”，红移在天文学领域里是指天体的电磁辐射由于外在原因使波长增加的现象。在可见光波段，天体的光谱谱线朝红端移动了一段距离，使电磁辐射频率降低、波长变长的现象被叫作“红移”。

在此后的深入研究中，一批具有类似射电源的星被不断发现，它们的可见光像和恒星相似，被人们称为“类星射电源”。后来，科学家们又发现了一些光学性质类似的天体，但它们不发射电辐射，它们的光学像呈蓝色，被人们称为“蓝星体”。这些天体的光学像也和恒星一样无法分辨出其结构是什么，被统一称为“类星体”，也就是像恒星一样的天体。

为什么类星体的红移如此巨大？河外天体谱线红移通常被解释为多普勒效应。类星体的红移越大，说明它们越以更高的速度远离我们而去，从

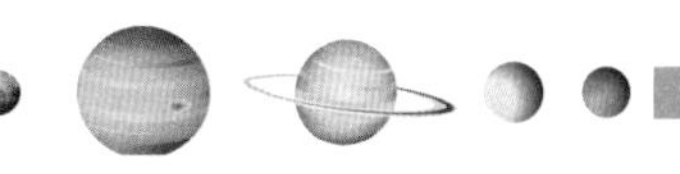

哈勃定律可以推论出它们是一些非常遥远的天体。

我们可以根据类星体的视亮度和距离，推测出它们的输出能量。银河系的总光度比太阳的光度要高 360 亿倍，而超巨椭圆星系 M87 的光度比太阳光度要高 1000 亿倍，类星体的光度比太阳的光要高 10 万亿倍。也就是说，类星体比银河系要亮上千倍。

除了以上类星体的表现外，还有光变呢！有些星体有时会爆发式地增亮，就像类星体 3C279，在 20 世纪 80 年代中，曾经两次爆发，其亮度猛增了 25 倍，最明亮的时候，它的光度超过银河系亮度的 1 万倍。

也许你会问了，既然类星体这么亮，那么，它的体积一定会很大了。其实类星体的体积很小，仅有银河系的十万分之一大，相当于太阳系那么大。那么，一个这么小的天体每天输出这么大的能量，它们是怎么做到的呢？用我们已知的热核反应来解释，显然是行不通的，这就成了“类星体能量之谜”。

为此，科学家们提出了种种设想。有一些人对类星体的距离产生了怀疑，认为它们的红移是不遵循哈勃定律的，类星体其实没那么远，实际光度也就不那么大了。也有的人提出，类星体可能是从银河系或者某些河外星系中抛出的天体，它们的速度很大，但距离不一定很遥远。还有人认为，类星体的红移虽然符合多普勒定律，但也可能是其他原因造成的，如引力红移等。

但所有这些观点根本不能解释所观测到的事，所以也不能被天文界所承认。

类星体应属于活动星系核之列，它输出的能量最大。普遍认为它存在一个超大质量的黑洞，它的巨大能量来自于黑洞和周围物质的相互作用。

53

银河系中的元老

2015年11月12日，澳大利亚国立大学和英国剑桥大学联合组成的国际天文学家小组发现，有一些最古老的恒星就居住在银河系内，它们可是元老级的恒星，年龄超出了我们的想象。这些古老的恒星里所包含的物质，可能跟早期宇宙的形成有关系。

我们知道，人到了一定年纪会老去，这些元老级的恒星也不例外。但它们老去后，在宇宙中还会留下一个灰暗的恒星体。这个恒星体里的物质会诠释恒星的演化、成长，最后如何走向死亡的过程。

数十年来，科学家发现银河系是一个古老的星系，澳大利亚国立大学和英国剑桥大学联合组成的国际天文学家小组在银河系中央发现了最贫金属星，他们用阿塔卡马沙漠大型望远镜观测到了23个这样的星体，它们的金属含量非常低。化学指纹图谱表明，最贫金属星来自遥远的过去。

银河系中央的黑暗区域里，就是那些恒星元老们居住的地方。科学家们推测，它们经历了宇宙大爆炸，当时宇宙中只有氢、氦和少量的锂，这些构成了宇宙早期的极贫金属星。它们的特点是含有很多的氢，是标准的氢恒星。这些恒星处于引力最强的地方，是早期星系的基础。

天文学家以太阳的金属丰度作为基准来衡量恒星里的重元素，贫金属

星的丰度远比太阳低得多。如果把太阳的铁、氢比定设为零的话，那么，贫金属星的铁、氢比为负值；富金属星的铁、氢比为正值，比太阳的要高出很多。贫金属星只含有少量的金属，即使是在宇宙大爆炸137亿年以后，它的金属成分仍然是微量的，它们一般出现在星系的中心地带。在中间的第二星族星和星晕的第二星族星，更缺乏金属，是更老的恒星。

因此，澳大利亚国立大学和剑桥英国大学的研究人员宣布："这些元老级的恒星就住在我们的银河系，这些原始恒星属于宇宙中最古老的恒星，是迄今为止我们所见过的最古老的恒星，它们诞生于银河系前，银河系是围绕它们而后形成的。"他们把这些研究成果发表在《自然》杂志上。

他们的发言人豪斯说，这些恒星中的碳、铁和其他重元素含量少得可怜，就组成的金属物质含量而言，有9颗元老级恒星的金属含量不及太阳的千分之一，其中年龄最大的一颗恒星中的铁含量仅为太阳的万分之一。他们称，迄今为止，还没有发现比它含铁更少的恒星。研究表明，这些元老级的恒星就像老年人一样，严重"贫血"。它们也许就是所有银河系恒星的老祖宗了。

当我们学习数学的时候，我们知道了欧几里得、华罗庚；当我们学习物理的时候，我们知道了爱因斯坦、牛顿、居里夫妇；当我们学习天文学的时候，我们知道了伽利略、哥白尼……

所有这些，都是一代代人口耳相传或文字记载下来的。而恒星历史藏在哪里呢？它们就藏在元老级的老恒星里。

54 星际空间的尘土飞扬

你看过好莱坞大片《星际穿越》吗？一开场就是庄稼大面积枯萎，沙尘暴肆虐，人们不得不把洗净的碗倒扣起来，就连笔记本电脑也得随时盖上。人们出行都是戴着口罩，否则，漫天的沙子就会让人喘不过气来。事实上，每年在世界各地发生的沙尘暴比电影里演的有过之而无不及。

在广漠深邃的宇宙间会不会有沙尘暴呢？宇宙离我们太遥远了，而且每颗恒星之间的距离是以光年来计算的。它们既然距离这么远，是什么填充了这中间的距离？星际之间是澄澈透明的吗？所有这些谜团，经过科学家的不懈努力，已经迎刃而解了。他们说，实际上星际间是尘土飞扬的。

无论是在银河系里，还是在宇宙中，恒星与恒星之间的距离需要用光年来计算，它们之间的平均距离有 3 ～ 4 光年。如此广袤的星际空间，是不是就像我们在地球上看到的是墨蓝澄明的天空呢？其实上只要你用心看就会发现，当我们仔细注视银河的时候，就会看见有一条边界模糊的暗黑阴影，呈不规则的形状贯穿了整条银河。你可千万别像小时候一样想，那会是飞机喷出的尾气吧？其实你错了，那就是弥漫在银河各处的尘埃，它们距离我们这么遥远都能看到，可见它们绝不逊色于地球上的沙尘暴。

星际尘埃的温度很低，因为它们自己不会发光，只有十几度到一二百

度的温度。在银河星系里，如果不是以那些明亮的恒星发出的光作为背景显现出星际尘埃的“剪影”，我们几乎见不到这些尘埃的真实风采。

其实这些尘埃也有自己的热辐射，只不过这些辐射集中在波长很长的波段上，波段从十微米到几百微米不等，这就是我们平常所说的中、远红外线了。如果恒星在这个波段上，早已经黯淡无光了，可星际微尘不一样，它们的形状能利用它们发出的红外线被我们观察到。孩子们，如果你们有兴趣的话，可以上天文台去观测一下，你们会看到这样一幅场景：银河星系里，各恒星之间到处是分布不规则的尘埃，它们有的像暗沉的云，有的像沙尘暴扬起的沙尘，这些沙尘弥漫了整个银河系。

但大多数尘埃集中在银道面附近，虽然平均每立方米只有几个尘埃粒子，但从遥远的地球上看去，整条银河里的尘埃就像一条灰暗的河，累积成一条浓密的尘埃带。

尘埃成颗粒状，平均大小只有 0.1 微米。它们的成分主要有硅、氮、碳、氧等元素构成的硅酸盐、石墨晶粒等分子，其中还有水和微量的甲烷、氨等混合而成的冰状物。随着现代科学的进步，科学家又发现了越来越多的复杂有机分子。他们先后在尘埃中发现了甲基分子、羟基分子、氰基分子、一氧化碳分子等复杂有机分子。

在随后的观测中，科学家们又发现了更多结构复杂的大分子，其中最有名的发现要数多环芳香烃（简称 PAH）。它是含两个以上的苯环，也就是由碳原子构成的六元环结构的有机化合物。由于星际尘埃的温度很低，这些分子都以固态的形式存在于星际尘埃里。其实 PAH 就像一个淘气的宝宝，它的红外波总是藏不住它的行踪。它有一个非常好的观测特性，几乎在所有的红外波段上都有 PAH 特征发射线，比较容易辨别。而 PAH 在尘埃中到处存在，它的特征常常被天文学家作为尘埃分布的观测依据。

在地球上，尘埃和沙尘暴简直是百害而无一利，刮完沙尘暴后，哪里都蒙上一层灰尘，给我们的清洁带来一定的难度。但星际间的沙尘却是星际介质，而且还是各恒星的诞生地呢！

以上小节里我曾经说过星云，弥漫星云里，存在大量的尘埃和氢、氦等元素组成的气体。在高空低温里，它们都是以固态形式存在的。当它们聚集在一起后，就形成了分子云。分子云的密度高出物质平均密度几十倍，形成了一个不大但很密集的云块，这就是星云。星云本身不发出可见光，只有在尘埃里能检测到红外线光波，所以，科学家推测，在弥漫星云里，尘埃的密度是很可观的。而弥漫星云被称为恒星的摇篮，是诞生恒星的地方。

55 银河与银河系并不是一回事

现代天文研究里，经常出现银河系这个天文专用名词，这里的银河系可不是传说中的银河哦，银河和银河系并不是一回事儿，银河并不是天上的河流，而是银河系在天空上的投影。

要想了解银河系，咱们先要了解银河中的恒星星云。

按理说这条银河应该是白色的宽阔的，可它的中间在我们看来是灰暗的，这就像我们在地球上看到了一条河，河中间的水是蓝灰色的，它们和河岸层次分明，给观看者增添了立体的形象。银河给人的感觉也是这样的，这让我们的眼睛误以为它就是真实的河流。其实这就是星云的杰作，这些暗灰色的星云里，包含星际气体、尘埃以及暗物质。所有这些物质形成的星云飘荡在银河系中间，让我们真的以为就是河水呢！

银河系

银　河

银河系到底是什么样子的呢？大家知道，地球、月亮，还有其他几大行星，都属于太阳系，而太阳系又属于什么系呢？原来，它就属于银河系。

银河系是由恒星、尘埃、气体组成的，银河系呈盘状，直径大约有10万光年，年龄大约是100亿年～150亿年，它所包含的恒星约有1000亿～2000亿颗，其中，和太阳相似的恒星最少有数十亿颗。

这是一个很扁的约中等大小的星系集团。其中包括我们肉眼所见的亮星，有中等望远镜可见的数百万星，还有许多疏散星团，更有密集聚集在银河系的明暗星云，所有这些构成了银河系。从别的星系群来看，银河系便成为星云之一，就像猎户座星云。那么，银河系的中心在哪里呢？别以为我们的太阳就是中心了，其实太阳是银河系两千多亿颗恒星中最普通的一颗。

这些星云看起来像聚集在同一平面上，我们叫它银河系的超级系统。在过去的两百多年时间里，天文学家们试图精确测定银河系超级系统的形状和大小。但这个问题很难，就像我们自己看不见自己的脸一样，因为我

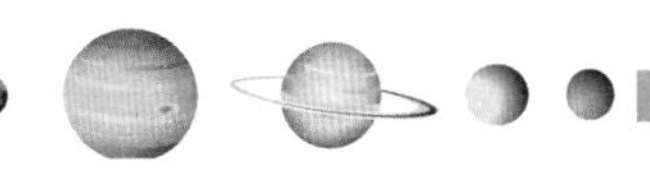

们自身便处于这一系统中。假如我们能站在太阳系外来测量太阳系的话，会简单很多。但现在的技术不允许我们这样做。

通常我们研究银河系的构造有两种方法。一种是威廉·赫歇耳使用的，他把银河系划成无数个大小相同的区域，然后再查这个区域里星的个数，当成统计研究的数据。但他所使用的望远镜太小了，只能看到离他最近的星。这种统计方法此后又应用了许多次，但这种计算现在是用在天空代表区域的照片上。

还有一种研究银河系构造的方法，是测定全银河系中各物体的距离。如果这些能做到，我们就可以造出一个模型来进行研究了。经过前面的学习我们已经知道，造父变星可测定距离，而它布满了整个银河系。所以，我们现在凭借造父变星的帮助，又利用新近发明的测量方法，想要知道银河系的构造，已经指日可待了。

刚刚说了，太阳属于银河系，而银河系中像太阳的恒星又那么多，那么，围绕这些太阳旋转的星星里，就一定有像地球一样适合生命生存的星星。照此推测，从银河系出生到现在，如果真有智慧生物存在的话，而他们又掌握了星际航行和通信技术，他们也一定会像现在的人类一样，想从这个星球扩展到另一个星球。那么，他们也就会到地球上来探访。可事实证明，我们地球上，还没有任何一种外星智慧生物来造访过。

1983 年 1 月 26 日，美国、荷兰和英国联合发射了第一颗红外天文卫星 IRAS。这是一颗红外线卫星，能感知到超低温度的东西。它曾带回一条宇宙信息，在织女星周围，发现了一些固体物质团块存在，温度很低。据分析，那些团块物质应属于正在凝聚过程中的年轻行星，那里很可能正在形成一个“太阳系”。一旦环境条件适合生命繁衍，这些行星上将有可能出现生物。

56

爱抱成团的星系

晴朗的夜空里，我们会看见天空上的星星也和咱们一样，爱聚成群呢！它们大多是这里有一群，那里有一伙地聚集着。你千万不要以为它们像人类一样是偶尔聚集的，其实它们是很有秩序的星群。这些星群有两种，一种叫“疏散星团（open cluster)”，有时也叫“银河星团（galactic

疏散星团

cluster)”，这种星团都集中在银河内。另一种星群叫“球状星团(globular cluster)”，这类星团也有较大较多的恒星聚集，在我们看来像群星聚集的一个大球。它们的位置在我们银河系统的边境上。

昴星团

距离我们较近的几个星团中，像昴星团那样的星团，是由7颗肉眼可见的亮星组成的，它们在秋冬的夜空上组成了一把勺子。但是，如果你眯着眼睛细细观测的话，会看到这把勺子是由9～10颗星组成的，如果用望远镜观测的话，会看出更多。在昴星团的南边有一个疏散星团，叫毕宿星团（Hyades），属于金牛座。它是金牛头部V形中的一群星团。但这个星团里的红色亮星毕宿五，不属于这个星团。

在疏散星团里，所有恒星都在空间做一致的运动。在距离我们近的星团中可以看出，它们在天上有规律地运动，这样的星团被称为“移动星团(moving cluster)”。

毕宿星团就是一个移动星团，这个成V字形的星团和邻近的星都在一致向东方运动，在我们看来，它们似乎在向东方聚集。其实它们是平行运动的，这表示它们还在退后。在百万年以前，这个星团距离我们约有65光年，可现在它们已经离我们有130光年了。据这样估计，用不了一亿年，这星团就成了望远镜中的一个暗淡物体，跑到离猎户座红星参宿四的附近去了。

其实我们现在正处在一个正在移动的星团当中，但我们的太阳系不会跟着它们移动，这星团中的一部分出现在北天，形成了北斗，但柄末和指

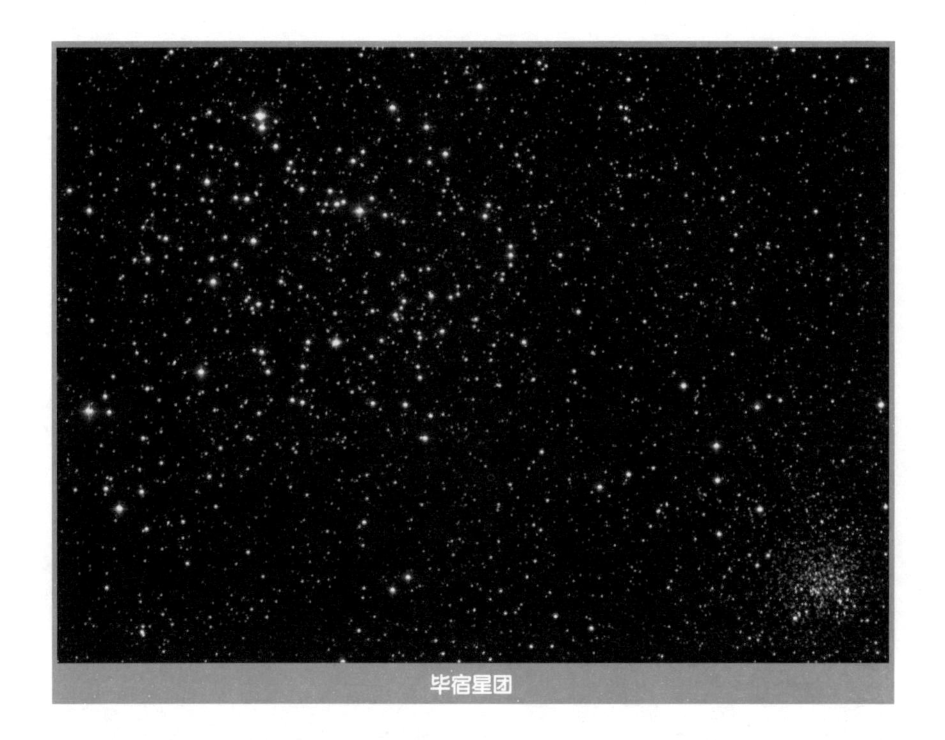
毕宿星团

极星的上一颗也不跟着它们移动。这星团的另一部分在南天的有天狼，还有其他部分散得很远的亮星也属于这一星团。也许亿万年以后，这一星团就要丢下我们而去，成为一个疏散星团的平常状态了。

天空中，有些疏散星团用肉眼看到的是一块雾斑，在天文学中叫“蜂巢”。一个叫鬼星团的星团就是很著名的例子，这个星团在狮子座的镰刀形两边一点，它属于黄道带中的巨蟹座，用望远镜可以将它分析成一个粗略的星团。

还有一块云状光斑的星团位于银河中，属于英仙座，用小望远镜可以勘测有两个星团，那就是英仙座的双星团。

我们用望远镜顺着银河慢慢寻找的时候，会发现很多美丽的疏散星团。再往远处找去，我们会发现球状星团。它们聚居的地方在我们银河系统的边境上，那儿星群稀少，有 10 个在麦哲伦云中被发现，已知的有 121 个。

最近最亮的球状星团要数半人马座和杜鹃座47（47 Tucanae）了。它们之间的距离约有2.2万光年，是云状4等星，能被我们用肉眼看见。在望远镜中我们看到，它们都是恒星集成的略扁的球，这说明它们正在旋转着，如地球般两头略扁。在长时间曝光的照片中，可以看出它们的成员有几千颗星，它们才是星团的大家庭啊！

为什么星星爱抱成团呢？天空那么大，它们为什么不自由行动呢？原来，星团是因为物理上的原因聚集在一起的，它们是受引力的束缚才不得不抱成团的。根据牛顿万有引力定律推算，由于引力的作用，星系间彼此吸引，才聚集成团的。如果“抱团”的星系数量小于50个，我们称它们为星系群；如果数量大于50个，我们称它们为星系团；如果星系中超过85%都是星系群或星系团的成员，我们把这个大家庭叫超星系团。

如果我们想要深究星系抱成团的原因，也可以推理到宇宙诞生时。随着量子涨落引起的原初扰动，原本均匀分布的星产生了一些密度较高的区域。在随后的日子里，由于引力的作用，这些高密度区域的物质会越吸越多，因此，恒星的密度也越来越高。这就是星系爱抱成团的原因。

57

星系团大动员

星系团的数量可谓众多，远远超出了我们的想象。在遥远的银河外星系，已经发现了上千亿个星系，它们并不是像我们看到的那样孤立地分散在宇宙之中的，而是都聚拢成一个个大小不一的集团。星系少的只有几十个星系聚集，叫星团；星系多的可以达到上千个星系聚集，叫星系团。有的星系团拥有上千个星团，有的星系团只有几个星团存在。为什么同样是星系团，它们却出现这么大的差距呢？孩子们，你们就随着我去看看星系团的大动员吧！

星系团的直径都差不多大，平均约为500万秒的差距。按照它们的形态结构，可分为规则星系团和不规则星系团两大类。规则星系团的外形都是对称的，绝大多数是椭圆星系和透镜形星系，是X射线源，它的中心区域星系高度密集，规则星系团又被称为球状星系团，这样的星系团可谓家族庞大了，由几千颗星系组成，是星系团里的老大。

不规则星系团没有一定的外形，结构松散，也没有明显的中央星系密集区，星系群都是不规则的星系团，被称为疏散星系团。不规则星系团的成员星系数相差很大，大的不规则星系团可包含几千个星系，而且星系团里各种类型的星系都有，只有很少的不规则星系团是X射线源。

椭圆星系 M87

这样的星系团大约有一万个。比较著名的有室女座星系团、后发座星系团、武仙座星系团等。

室女座星系团离我们银河系最近，大约有数千万光年，它在天空中横跨 5 度的范围，包含着 2500 多个像银河系那么大的星系，里面包含椭圆星系、旋涡星系和不规则星系。室女座星系团的质量非常巨大，因而吸引力也大，它甚至试图想把我们的银河系也拉过去。室女座星系团里有普通的星系，还有温度很高会发 X 射线辐射的云气，通过对星系团内外星系的运动观察后发现，室女座星系团所含的暗物质超过了可见物质。

室女座星系团正以每秒 1150 千米的速度远离地球而去，根据相对论来算，我们也正以大约每秒 1000 千米的速率远离室女座星系团。天文学家有个非常形象的比喻，他们常常把退行速度减少量说成我们“落到”室女座星系团中去。

椭圆星系

旋涡星系

室女座星系团在宇宙中占有大片地方，它们至少占赤经的 12h ～ 13h、赤纬 +20° ～ -20° 的大片面积。室女星系团的成员星系在梅西耶星云星团表中就占了 16 个，超巨型椭圆星系 M87（NGC4486）就位于这个星系团的中心，它全天的射电源最强，它拥有中心区域 12° × 10° 的椭圆形天区内的几百个成员星系。室女星系团和银河系所在的本星系群都属于本超星系团。

还有一个武仙座星系团也是一个庞大的家族，是一个离我们 65000 万光年远的宇宙岛群，这个星系团拥有大量富含尘埃星云和恒星形成区的旋涡星系，还含有少量缺乏尘埃星云和新生恒星的椭圆星系。在观测中可以看见，武仙座星系团的形状和宇宙初期的年轻星系团形状很相似，许多星系像是正在互相合并或碰撞，显示出扭曲的状态。因此，探索武仙座星系，就可以找出星系和星系团是如何演化的。

如果把银河系比作一个巨大的“恒星岛”，那么宇宙间就有无数个这样的“岛”存在，它们存在于银河系的外边，所以叫作河外星系，简称星系。

迄今为止，已发现约 10 亿个河外星系。河外星系也和银河系类似，是由数十亿，甚至数千亿颗恒星、星云和星际物质组成的，河外星系也是在不断运动着的。它们大小不一，直径有几千光年到几十万光年不等。我们的银河系只是星系世界中最普通的一个星系。所以，真是天外有天啊！

还有一个“大胖子”星系团，该星系团距离地球超过 70 亿光年，它的编号为 ACT-CLJ0102-4915，这个星系团里面包含了数百个星系。它的质量太大了，可能与 3000 万亿颗太阳相当，大约是银河系质量的 3000 倍，是目前发现的最大型的早期的宇宙星系团，是星系团中的“大胖子”。

在星系团中，有椭圆星系、旋涡星系，还有棒旋星系。像地球形状一样的星系就是椭圆星系；旋涡星系就像旋涡一样的形状，但这个“旋涡”实在太大了，直径通常达 10 万光年；还有棒旋星系，它和旋涡星系很相似，但棒旋星系的旋臂呈棒状，是笔直的，并从星系核心向两个方向延伸出去。

星系 ACT-CLJ0102-4915

棒旋星系

以上这些星系都在星系团里。如果这么多星系团在天空做统一运动的话，会是多么壮观的场面啊！事实上，它们确实在做着统一运动，就像星系团在开运动会，各个星团也参与其中。当我们抬头望着满天繁星时，是不是觉得它们真的在做运动大动员呢？

58

星系也会发生碰撞与并合

星系也像我们人类一样，有不遵守交通规则的，它们也会撞车。在宇宙中，如果两个高速旋转运行的星系核相近时，它们就会相互吞噬，就像发生车祸一样，互相碾压，但不同于车祸的是，它们还会互相融合，体积变大，变成一个更大的星系。

如果这两个星系是相互绕转的，它们就会形成一个高速旋转的质量更大的星系核。这个星系核就像一个巨大的发电机一样，能量强大的粒子流从它的两极爆发出来，喷射向远方。星系核的能量越大，它所喷射的粒子流流量也就越大，喷射得也就越遥远。我们把它们称为两极喷流星系核。

星系核喷射高能粒子流时，会消耗它自身的能量。可是，当它和比它能量小的星系相撞后，它会俘获这个小星系，为它自己增加能量。当这个星系核的能量由大变小时，它就会伸出两条粗大的喷流带。如果这个星系核的磁轴绕着另一条自转轴旋转时，喷流带的轨迹会随着一圈圈的旋转弯曲，这个星系就会演变成旋涡星系，这两条磁轴就是旋涡星系的两条旋臂。

科学家观测后发现，星系核的磁轴和自转轴之间的夹角越大，它所旋转出的星系盘面就会越扁；如果星系核的磁轴和自转轴之间的夹角变小，

它所旋转出的星系盘面就会越厚。星系核的旋臂旋转速度越快，旋臂缠卷得就会越紧，它所产的能量也就越大，就有可能会有恒星诞生。

天文学家们认为，如果有两个质量大致相等的旋涡星系合并，它们就会在星系核心形成一对超大质量的黑洞，同时，这个合并的星系旋涡结构消失并变形，产生大量的恒星新生区。

但也有例外，星系 NGC3393 在核心区拥有一对黑洞，但在核心区我们看到的是大量老年恒星，根本看不到明显的恒星新生区域。事实上，它曾经吞并过一个小星系，才在核中心形成了双黑洞。根据现有的理论推论，吞并了小星系的大星系形成了双黑洞，这双黑洞并没有因为它们互相吸引而发生碰撞，它们只是和平地合并了。大质量的一方在合并发生后没有生成新星，真是个意外。

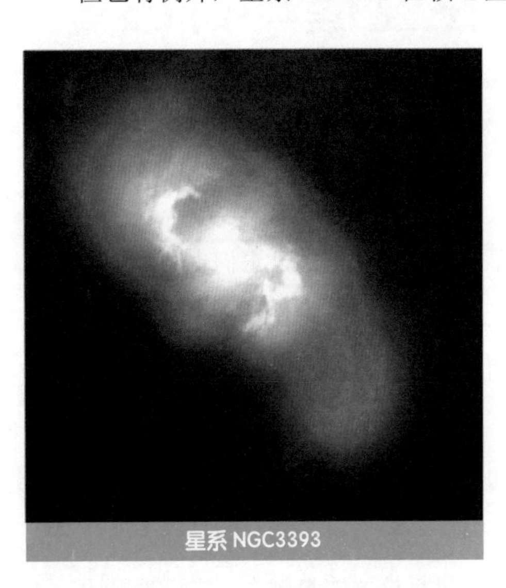
星系 NGC3393

但大多时候的旋涡星系具有相当大的总角动量，螺旋臂由星系的核心延伸出来，形成了巨大的旋涡。当这个旋涡靠近某一个星系时，就会和它纠缠在一起，互相吞并，最后生成一个新的具有双黑洞的新星诞生区域。

1961 ～ 1966 年间，天文学家奥尔顿·阿尔普（Halton Arp）编著的《特殊星系图集》（*The Atlas of Peculiar Galaxies*）里收集了 338 对形态异常的星系，清楚地描述了两个旋涡星系互相吞噬合并的场景：

一个略微大的星系伸出有力的旋臂，和一个较小的旋涡星系的旋臂搅在了一起。旋涡星系之间一旦搅和在一起，就不会分开，它们之间相互发生作用，就像两个在摔跤的运动员一样，你不服气我，我不服气你，势必

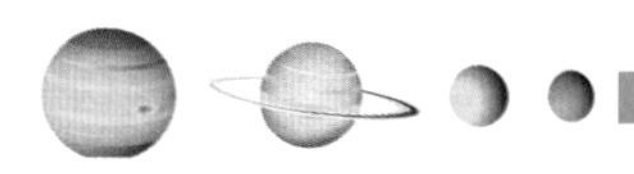

要将对手俘获。

如果机缘巧合，在天空中会出现一个美丽的圆环，这是我们发现它们踪迹的最好时机。

如果它们的吸引力不够强大，只是轻微的碰撞，它们的星体结构就不会改变；如果两个旋涡星系发生相互作用，紧随而来的就是造星运动，它们的旋臂在此时会变得格外粗壮和有力，声势浩大到翻天覆地。

它们之间的互相摔跤还有一个有意思的情况发生，如果有一个星系感觉累了，它的旋臂会在互动过程中自动打开，它内核中的物质会被另一个星系的潮汐力抽出，在两个星系之间形成一座星桥。这座星桥由蓝星构成，从星系攫取的物质横亘在两个星系之间，它们在这里形成坍缩，产生内吸的力量，然后出现星爆，大规模的造星运动就开始了。

与椭圆星系相比，旋涡星系更容易被互相扰动，而产生碰撞与合并，它们通常会被彻底摧毁而形成新的星系。

千万不要以为星系间发生这种情况只是两个距离相近的星系干的。其实，相距百万光年的两个星系，如果有一方质量超强超大，而另一方比较薄弱的话，小的也会被这个“大个子”同伴吸去物质。

你想象一下，它们这样拼命打完架以后，会是一个什么样的情况呢？它们会不会像心胸狭隘的人一样记仇？还是像心胸豁达的人一样一笑泯恩仇呢？事实上，当星系碰撞完后就会平静下来，它们中的大部分会融合成单一的椭圆星系，但是这样的融合，需要用几十甚至几百亿年的时间来完成，也许在很多年以后，银河系和仙女座星系也会步它们的后尘而发生碰撞、合并，最后生成新的星系。

59

始于一次大爆炸的宇宙

宇宙，这个词听起来的感觉让人觉得浩瀚无边，不过不管有多大的东西都会有一个开始，和我们人类一样，总有一个孕育、产生的过程。你应该还记得在《写给孩子的世界历史》一书中我提到过万物的起源，也提到过人类的起源。人类出现在近几十万年，这个时间在我们现在听来已经非常古老了，但是这和宇宙比起来还差得太远，宇宙的存在肯定比地球还要古老呢。

人类的好奇心总是非常旺盛，这并不是一件坏事情。所以世界各国的科学家们为了探索“宇宙究竟是怎么来的”花了很多时间，但我们还是没有办法下定论，因为谁也没有亲眼看到过宇宙的出生，不过至少有一点可以断定：这个广大无边的宇宙起源于一次大爆炸。

你可以想象下：一个巨大的球体发生了爆炸，伴随着“砰”的一声巨响，整个宇宙就诞生了，所有的星体，不论大小，都是破碎球体的爆炸物残渣。这一切听起来似乎是一件很简单的事，但事实并没有想象中的那么简单。

这一场大爆炸大约发生在200亿年前，那个时候还没有我们现在所处的这个宇宙，它当时只是一个密度大、温度高达上百亿摄氏度的大火球。

宇 宙

大火球里面有很多不同的物质，这些物质像同胞兄弟那样亲近。

可是有一天，这个大火球不知道因为什么开始膨胀了起来，就像你平常吹气球那样，它不断地、不断地膨胀，终于在某一天达到了极限，它和你手中的气球一样爆裂了，不过这一场爆炸远比气球破裂来得猛烈。火球中的物质四处迸射，发散到很远、很远的地方。随着这一场大爆炸的平息，温度也慢慢降低了，因为引力，那些散落在四面八方的物质也开始向着离自己最近的较大较重的物质聚合了起来，于是形成了许多星系、星体，这其中就有我们的地球。宇宙就这样不可思议地诞生了。

你一定很好奇，这次爆炸产生的宇宙里面究竟包含了多少东西。在宇宙空间里有许多星云和星系，有很多我们已经发现了的，也有很多我们目前还没有发现的。那些星云和星系又是由无数个像太阳、地球和月亮这样的星球组成，真的是数也数不清的“无数”。不过在我们眼里看来那些星球都太“小”了，实际上它们并不小，“小”的视觉感是因为它们与我们之间

的距离太遥远了，所以它们就成了我们平常看到的星星和空中彩带。

这美好的一切看起来就像飘浮在空中的云彩，有些人很担心它们会不会在某一天掉落下来。这些轮不到我们来担心，因为宇宙的神奇远远超出了我们的想象。通过大爆炸而诞生的宇宙真是非常了不起，它有自己的力量来维持日月星辰的平衡，保证它们可以安全地悬挂在空中，这种力量就连天生神力的巨人安泰也没有办法比。

宇宙在刚出生的时候温和得就像一个初生的宝宝，在它的空间里面有重力、电磁力、弱核力和强核力四种基本的力，这些力在宇宙的控制下听话得就像我们的四肢，但是当宇宙成长的时候，这四种力就会分裂出去，于是就变成了我们现在这个千姿百态的宇宙。这四种力维持着宇宙空间里的星云和星系，让它们平安地悬挂在高空，不会发生影响整个宇宙结构的大事件，比如再一次的宇宙大爆炸（它的发生会是比遥远更遥远的事情了）。现在，你可以把地球想象成秋千，把宇宙想象成小公园，把秋千的绳索想象成宇宙中神秘的力，而你坐在秋千上向前摇向后摆，似乎永远不会停止也不会掉落。

接下来，你来猜猜宇宙里还会有什么事情已经发生、正在发生、将会发生呢？

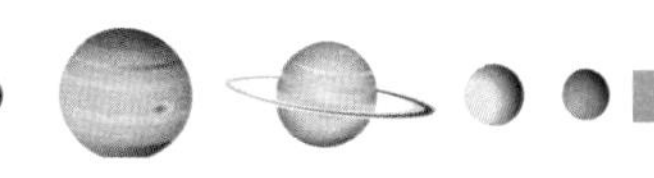

60

宇宙一直在膨胀

我们在一天天长大，我们生活的地球是不是也会生长，我们的太阳系是不是也在一天天扩大，我们已经知道的宇宙是不是无穷无尽的？所有这些疑问一直缠绕了我这么多年，正值青春年少的你，是不是也和我有着同样的想法呢？

近年来，科学家们研究河外星系时发现了一个有趣的现象，有些星系正以很快的速度离我们远去。这是科学家们通过对它们的光谱线进行研究后得出的结论。如果把我们星系的运动除去就会发现，河外星系都在用极大的速率脱离我们远去，它的速率又随着距离同比加大。

如果真是这样的话，亿万年以后，整个宇宙中是不是只剩下我们银河系呢？真是那样的话，我们多孤独啊！

事实上不是这样的。如果我们能站在别的星系观测我们银河系的话，就会看见银河系也在以很快的速度远离这个星系。

威尔逊山的天文学家宣布，大熊座中有一个暗弱星系，它们正在远离我们。分光仪在观测更远的星系时发现，它们退去的速率要远比这样的星系更加迅速。比利时的科学家勒梅特（Lemaitre）将这一现象制成了一个表示宇宙膨胀的数学公式。在这个公式中我们可以看出，这样的一个宇宙

构造中，远处物体会很迅速地离我们远去，这正像站在河外星系观测银河星系一样。

要想解开这个谜，就要先了解下“大爆炸宇宙学”。对于宇宙的宽广无垠大家能够理解，对于时间的流逝大家也能理解，可说到宇宙是经爆炸而来的，没有几个人能够理解。宇宙怎么会由一个点爆炸而来？我们是怎么知道宇宙是由大爆炸开始的呢？

哈勃定律表明，宇宙中的天体离我们愈远，退行速度就愈大。从任何方向看去，各个天体都在离我们而去。

我们不禁会问，为什么天体的退行速度会随距离而增加呢？这种退行在各个方向上都是一样的，那么，我们是不是就居住在宇宙的中心呢？如果我们不是在宇宙的正中心，又如何去解释这一确定的观测现象呢？

要想解开这个秘密，我们不妨把宇宙中星系看作“分子”，这些“分子”具有膨胀速度，它的膨胀和流体元的无序运动速度，也就是星系的本动速度相对。这能反映出星系中的物质分布局域的不均匀性，它的典型值为 500 千米 / 秒。当距离我们超过 20 兆秒差距时，星系的膨胀速度便大于本动速度。

哈勃定律主要讲的是宇宙整体的膨胀规律，而不是针对个别星系的个体运动。只有遵循哈勃定律，宇宙才能保持它的均匀性。

如果这样比喻你们一定会理解。你玩过吹气球吗？你一定会答，玩过。你用笔在气球的某一个地方点上一个点，这个点代表你站在地球上。当气球膨胀时，你就会看见气球的各个地方在离你远去。这是不是代表着宇宙在膨胀呢？

你吃过面包吗？你一定会回答，吃过。当大人烤制面包的时候，你在生面包上等距离放上几粒瓜子，在烤制过程中你就会看见，各颗瓜子都在远离另一颗瓜子，而且越是距离远的离得越远，面包膨胀的速度也就愈大。如果你站在每颗瓜子的角度上去看，就会发现它们没有中心，每颗瓜子都

是在远离自己而去。

这样的比喻应用在宇宙中你就会发现，随着时间的推移，宇宙在膨胀。而利用逆推理来看，是不是越向前推移时间，宇宙越小呢？所以，在 1931 年，比利时宇宙学家勒梅特（G.Lemaitre）就论述了这一观点，他说：宇宙开始时，所有的星系都是聚集在一起的，被称为原始原子。后来，这个原始原子受不了挤压，突然爆炸了，把所有的星系都抛入了空间。1948 年，科学家伽莫夫（G.Gamov）把宇宙膨胀和元素形成结合起来，形成了大爆炸宇宙学说。里面最著名的一句话就是：宇宙大爆炸发生在大约 150 亿年前，宇宙是有限的，但宇宙是无界的。

如果将时间往前推至宇宙尺度为今天的百分之一时，宇宙密度就会比今天大 100 万倍，已经大于星系的密度了，那么，星系就不可能存在。经过我们推算得知，宇宙结构在很久的某一时间前是不存在的，宇宙结构只能是宇宙演化的产物。

在没有结构前，宇宙是由微观粒子构成的均匀气体，温度很高，密度很大。当这些粒子膨胀时，它的温度就会愈高。当温度高于 104K 时，粒子热运动的能量就会变大，使中性的原子不能形成。中性原子只在 3000K 左右的热度时，才能形成。粒子热运动的能量温度低于 3000K 时，电子与原子核就会结合为中性原子，大量散射光子的电子就会消失。宇宙中失去了大量的电子，光子不再受到电子的强烈散射，光子和电子不再耦合，宇宙就会变得透明起来。于是，宇宙介质留了下来。作为宇宙历史遗迹的 2.7K 背景的辐射光子，就是我们能看到的最早的宇宙。

当粒子热运动的温度高达 1010K 时，粒子热碰撞会使原子核瓦解。也就是说，原子核也是宇宙演化的产物。

20 世纪 60 年代，贝尔实验室和普林斯顿大学的宇宙科学家们通过做射电天文研究，发现了一个叫 3.5K 的不明来源。因为他们知道 2.3K 来自大气层，0.9K 来自天线内的欧姆损耗，这个 3.5K 着实折磨了他们一阵子。

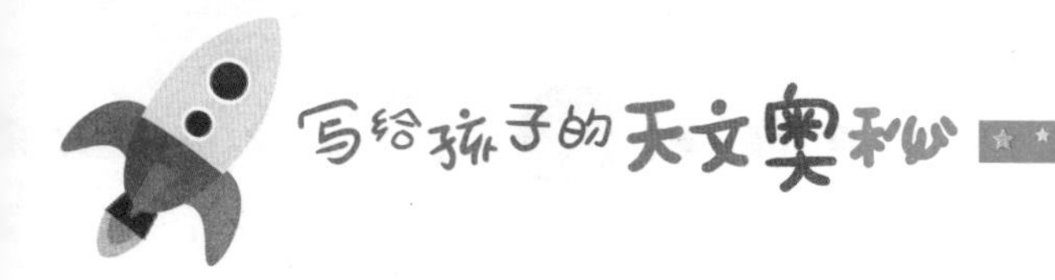

当他们排除了一切干扰后，这才肯定 3.5K 来自远处的辐射信号，宇宙学家们断定，这是来自宇宙的温度微波辐射信号。微波背景辐射的发现，证实了大爆炸宇宙论的预言。所以孩子们，既然是“爆炸”，那就一定会增加宇宙的体积，事实上，宇宙中每一个时刻都在发生星系碰撞与合并，然后再爆炸生成新的恒星。

这像不像我们人类的繁衍呢？如果没有大的意外，宇宙会不会一直生长下去呢？这值得我们去期待！

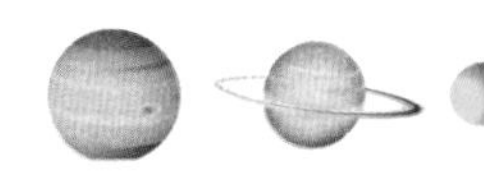

隐藏在宇宙中的“暗物质”

宇宙真是包罗万象啊！宇宙中有一种东西被称为“暗物质（Dark Matter)”，顾名思义，就像我们肉眼看不到空气的存在一样，用望远镜也看不到它的存在，可在探测星系的过程中，分明能感觉到它的存在。“暗物质”像不像一位神龙见首不见尾的神秘人物呢？

暗物质是宇宙的重要组成部分，是一种比光子和电子还要小的物质，它不带电荷，不和电子发生干扰，它能够穿越引力场和电磁波，影响到我们对宇宙勘查的精确度。

有研究发现，暗物质虽然密度很小，但它的数量非常庞大。因此，它的总质量占宇宙中物质含量的 26%，而人类可见的物质量只占宇宙总物质量的 4.9%。

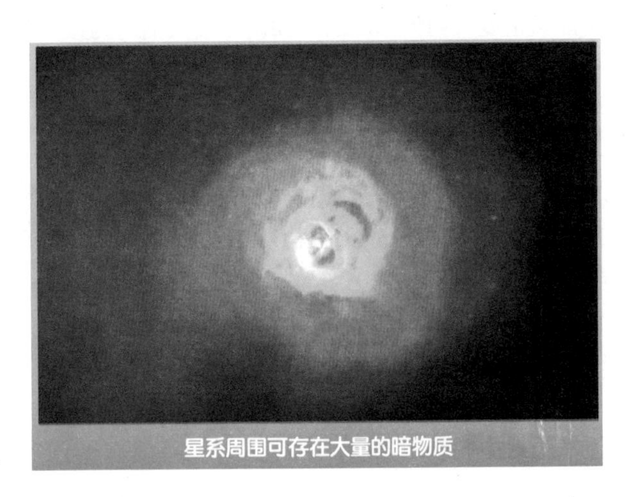

星系周围可存在大量的暗物质

暗物质无法被我

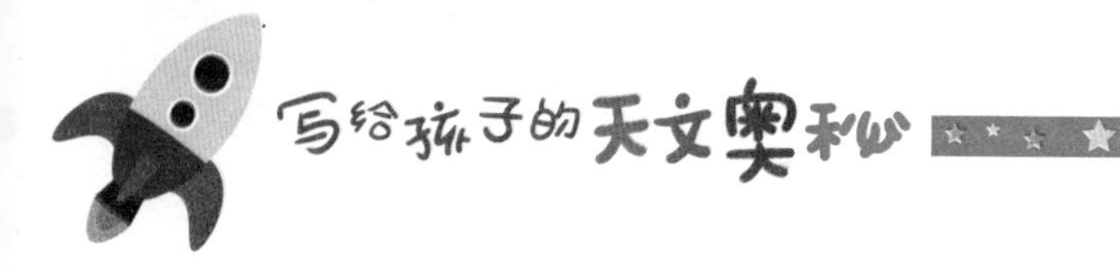

们直接观测得到，但它干扰星体发出的光波和引力，能被我们明显地感受到。在现代天文学中，通过引力透镜、天文观测、宇宙中大尺度结构形成和膨胀宇宙论表明，宇宙的密度可能由约 4.9% 的重子物质、68.3% 的暗能量、26.8% 的暗物质来组成。

爱因斯坦 1915 年时公布了一个推论：宇宙的形状取决于宇宙质量的多少，宇宙是有限封闭的。如果他的推论正确的话，宇宙中的物质平均密度必须达到 5×10^{-30} 克 / 厘米 ^{3}。但是，现在我们观测到的宇宙密度比这个值要小 100 倍以上。也就是说，宇宙中的大多数物质不明不白地失踪了，科学家们把这种“失踪”的物质叫“暗物质”。

1932 年，美国加州工学院的瑞士天文学家弗里兹·扎维奇（Fritz Zwicky），在观测螺旋星系旋转速度时发现，星系外侧的旋转速度比牛顿重力预期的要快。他推测，一定有数量庞大的质能拉住星系外侧的组成，使它不致因为过大的离心力而脱离星系。他认为，大型星系团中的星系运动速度都是极高的，如果星系团没有大能量的暗物质吸引的话，根本无法束缚住这些星系。所以，弗里兹·扎维奇最早提出了暗物质的假说。

暗物质刚被提出来时只存在于理论上，但到了 20 世纪 80 年代，占宇宙能量密度大约为 26% 的暗物质已被人们广为接受了。

既然暗物质看不见摸不着，它会对宇宙起到什么作用呢？原来，是暗物质促成了宇宙结构的形成，它在星系、恒星和行星的形成过程中，起到了很关键的作用。宇宙虽然在极大的尺度上表现出它的均匀性和各向同性，但是均匀分布的物质不会产生引力。因此，在宇宙结构中，来自于宇宙极早期物质分布的微小涨落，会在宇宙微波背景（CMB）中留下很多痕迹。所以，很多普通物质不可能通过自身的涨落形成实质上的结构，在宇宙微波背景辐射中也不会留下痕迹，因为那时候的普通物质还没从辐射中脱耦出来。

不与辐射耦合的暗物质，它的微小涨落在普通物质脱耦之前就已经放大了很多倍。当普通物质脱耦时，暗物质已经成团，并开始吸引普通物质了。这就是我们观测到的结构。这需要一个宇宙最初始的涨落，它的振幅非常小。这里需要一种叫作冷暗物质的东西来帮忙。它因无热运动的非相对论性粒子而得名。

当21世纪到来的时候，天文学面临最大的天文之谜就是暗物质和暗能量。那么，要怎么才能探测到暗物质的存在呢？

暗物质的探测在当代天体物理和粒子物理领域是一个热门。物理学家可通过对大质量相互作用的粒子来进行研究，他们把探测器放置在地下实验室，把背景噪声减少到极低，直接探测WIMP大质量弱相互作用的粒子（暗物质模型）。他们也可通过地面或太空望远镜对暗物质进行探测。他们还用间接探测进行探测WIMP。如果间接探测正巧碰上WIMP撞上一个原子核，它们就会散射原子核，使它们周围的原子核发生碰撞。科学家根据这些可以探测到它们相互作用后释放出的闪光和热量，对暗物质的研究提供了不少帮助。

对于暗物质的研究，让科学家们着迷了。2012年4月，瑞典斯德哥尔摩大学的克里斯托弗·萨维奇（Christopher Savage）和密歇根大学的凯瑟琳（Katherine）合作，计算出了暗物质和人体组织发生相互作用的概率。他们在平均尺寸的人体中计算出，暗物质几乎每天都和人体碰撞大约30次，每个人每年会被暗物质粒子碰撞100000次以上。看到这里，你也许会担心地问：人们被暗物质碰撞了这么多次，会对人体有害吗？

不必担心，根据几项暗物质探测项目获得的数据，又经过计算后显示，它们与常规物质发生相互作用的概率非常低，不会给人体带来什么大的风险。

暗物质的庐山真面目到底要什么时候能揭开呢？小朋友们不用着

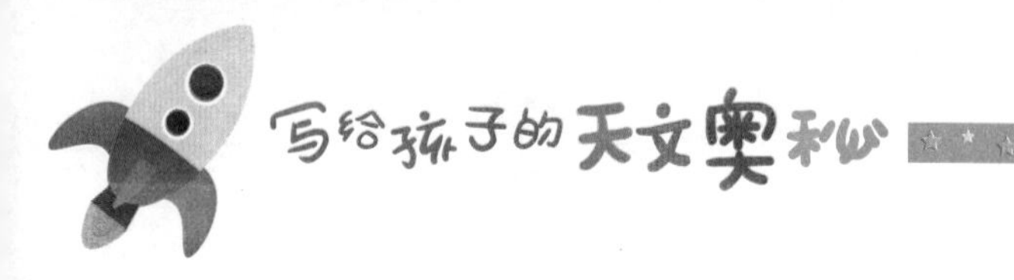

急，华裔物理学家丁肇中和阿尔法磁谱仪项目团队宣布，他们已经发现了40万个正电子，这些正电子很可能就是人们一直苦苦寻找的暗物质。

但是，就目前为止，暗物质还是一个蒙着面纱的侠客，明知道有它的存在，却很难见到它的真实面容。我有充分的理由相信，在不远的未来，你们这些孜孜不倦学习天文知识的少年，一定会解开暗物质之谜的。

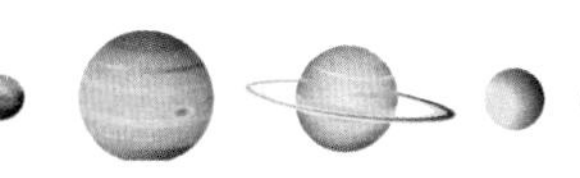

62

看不见的冷暗物质

小朋友，我们在上一节学习了暗物质，对它有了初步了解。暗物质包括热暗物质和冷暗物质两大类，热暗物质占暗物质的 30%，冷暗物质可占总暗物质的 70%。天文学中，冷暗物质（CDM）的定义是：在大爆炸理论改善的过程中加入的新材料，被科学家称为“冷暗物质”。一听这个名字，是不是让你觉得它的温度很低很冷，而且又是暗淡无光的东西呢？呵呵，你猜对了，它就是这样一种几乎没有温度，即使用望远镜也看不到的东西。科学家们认为，它是宇宙早期形成的物质，因为温度低，从而暗淡无光，在宇宙中不能用电磁辐射来观测。

冷暗物质在理论中，结构是依着层级增长的，就像我们上台阶一样，当你回头看的时候，就会发现那么多台阶在你身后。但是在它连续逐级增长的过程中，会有少量的物质先塌缩，然后再合并在一起，它会逐渐形成越来越巨大的结构。

而在暗物质里的热暗物质，是能够被电磁辐射观测到的。20 世纪 80 年代科学家们认为热暗物质结构不依层级增长，它们是以断裂的方式由上向下发展的。如果你观测最巨大的超星系团的时候就会发现，它会先形成像我们常见的船舱甲板一样的东西，这个甲板一样的东西很像我们吃的比萨一样成层状结构。当它生长到足够大的程度时，就像我们掰比萨一样开始发生层层断裂，形成像银河系这样的星系。当我们发现热暗物质后，我们所预测的和所观察到的大尺度结构就太不一样了。而当我们观测到冷暗物质的时候，我们所预测的和观测到的现象是一样的。

那么，冷暗物质到底在星系形成和宇宙结构中充当了什么角色呢？据有关媒体报道，天文学家已经对冷暗物质和星系的形成有了科学的解释。他们通过哈勃望远镜提供的最新数据进行分析对比后得出结论：只有一小部分宇宙中的重子物质形成了恒星、行星和生物，其余超过 80% 的物质就是暗物质和暗能量了。

在宇宙学中，冷暗物质是一种粒子移动缓慢和比较轻的物质，它们只有很弱的相互作用和电磁辐射。这一冷暗物质的理论，对解释宇宙处于初始状态时，星系团的电流是如何分布的有关键作用。这一理论也可以用于显示所有的星系，而在探测冷暗物质过程中，科学家们发现了一种光波叫孤子。它是一种常波，也被叫作孤立波。用这个形象的比喻，你们就会理解孤子。当我们在河道里行船时，船头前面的河面上会有一圈圈的水波，当我们的船突然停止时，那道水波还是在向前面行驶。孤子光波就是这样，不受外界的干扰，在传播过程中，它的形状、幅度和速度维持不变，形成脉冲状光波。由于这种脉冲状光波特立独行的表现，所以被人们称为孤子。

这一研究结果是非常重要的，他们开辟了一种可能性，暗物质可以看作是宇宙中的支配结构，它在整个宇宙中形成了一个非常寒冷的量子流体。

但是，还有很多关于冷暗物质的未解之谜，如：既然星系和星系团间充满了这种暗物质，那么，它们怎么没有影响到星系和星系团之间的结构呢？既然冷暗物质真实存在，它们会不会形成更为矮小的星系呢？但所有这些，都是建立在推论上的，还有待我们去证实哟！

黑洞＝时光隧道

你们看科幻小说时一定看到过“黑洞”这个词吧？科幻作家们为黑洞打上了一个很诱惑人的名字“时光隧道”。在科幻小说里我们经常看到穿越时空的描写，其实这些都是作家根据“黑洞”的原理加以扩展幻想的。

我们在上面章节中提到过“黑洞”这个词，现在我们要好好学习一下。我们不能精密计算出中子星的质量上限，但据估算应在太阳质量的 1.5 倍之间。超过这个临界质量的星，就会成为脉冲星，它的中心将会无限坍缩形成“黑洞”。对于这样不能实际去考察的物体，我们只能用广义相对论去描述。

在黑洞的内部，用广义相对论来说，空间与时间的关系是互相颠倒的。时间对于我们来说，是不断流逝的，但在“黑洞”的内空间里，时间是在不断坍缩的。我们可以想象一下，时间在坍缩，是不是时间在一点一点回到从前呢？由于空间比光信号坠落得快，没有任何光线能够从黑洞里流溢出来，所以把它取名为“黑洞”。

实际上，黑洞里并不黑，只是我们无法直接观测，只可借用间接的方式知道它存在的质量，并观测到它对其他事物的影响。它的“黑”是就相对广义的恒星光外射来说的。

黑 洞

测定黑洞是利用黑洞的质量、电荷和角动量，对外面物体的引力和电力的效应。

1915年，爱因斯坦发表广义相对论后不久，德国天文学家、物理学家卡尔·史瓦西（Karl Schwarzschild）就根据广义相对论计算了天体的坍缩情况。在天体自身引力的影响下，质量为M的星，半径收缩到$R=\frac{2GM}{c^2}$以下（G表示万有引力常数，c表示光速）时，就会出现黑洞。$R=\frac{2GM}{c^2}$这个数通称为史瓦西半径。

1972年，美国著名的物理学家惠勒（John Archibald Wheeler）说，天空中有三个天体可能是“黑洞”。他对这三个天体研究后得出的结论是，它们属于超密态，应该是质量大的恒星坍缩后的产物。

上面我们已经说到过，多数天体的物质强度完全能够阻止引力坍缩的发生，这样就不会出现黑洞。引力坍缩能有效保存恒星的能量，能使恒星延长生存期。有些天文学家指出，黑洞可能就是某些恒星的最后结局。

我们在地球上看不见黑洞，但它是由恒星的物质形成的，就有可能被探测出来。如果形成黑洞或一颗中子星的物质是气体，它们就会发热，就会发射出X射线来。如果一个黑洞能吸收附近伴星的物质，它也会发射出X射线。这种来自伴星的物质环绕在黑洞周围，黑洞就会像旋涡一样旋转内吸。这个旋涡就会发出迅速波动的X射线。

1972年，拉芬尼研究组正在观测双星系射电源天鹅X-1和小麦哲伦云X-1，他们发现这两颗星里有黑色凝聚物，而且还能看见来自伴星的物质流向黑洞。由于星系是转动的，这种来自伴星的物质具有角动量，所以它们

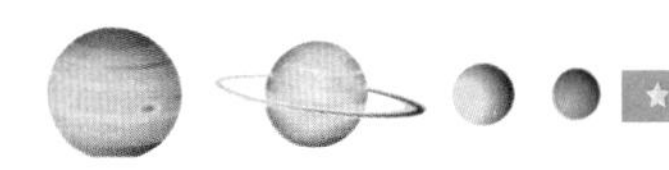

不会直接掉进黑洞。它们会围绕黑洞进行螺旋运动，会形成一个环绕黑洞旋转的圆盘。当物质从内线掉下去时，新的物质又会补充到圆盘外线上来，所以这个圆盘看起来是很稳定的天体现象。而圆盘中的气体原子发生碰撞产生热能，从而使黑洞发出 X 射线。

在澳大利亚，一个天文研究小组宣布，他们已经发现了两个黑洞，是两颗恒星爆炸消失之后留在天空的，距离地球大约 7000 光年。

恒星在爆炸覆没以后，会在巨大压力的作用下可能留下黑洞，即只剩下一个直径约 5 千米的物质团，它可以把任何接近它的物质吸收进去，并压缩到 1000 万℃的高温。这一过程可能会引起 X 射线辐射，这就让科学家根据 X 射线有可能探测到黑洞。

如果真有黑洞，而黑洞可以吸取任何物质变成热能的话，那么，多年后，它是不是又将会变成一颗新的恒星呢？如果那样的话，我们就不用担心亿万年以后，天上的恒星会消失，也不用再担心没有太阳了。它们都是生生不息的，在这里老去了，又会在那里新生。

其实“黑洞”这个词是建立在假说上的，如果真有黑洞，而空间比光信号坠落得快的话，孩子们，我们可以想象，在黑洞里，时间真的可以倒流！如果时间可以倒流的话，再如果地球老去出现黑洞时，我们是不是已经研究出人体所能接受的穿越时空的飞船呢？世界上没有不可能的事，只有你想不到的事！如果能彻底研究透黑洞的原理，也许人类穿越时空就不是一个梦了。

64

白洞是怎么“炼”成的

一听“白洞”这个词，是不是让你想起“黑洞”了呢？确实，这个词就是针对黑洞而言的，前面我们已经说了，黑洞是在不断塌缩的，它有一个封闭的边界。白洞也有一个封闭的边界，但和黑洞不同的是，白洞内部的物质可以经过边界向外运动，而不能反方向再运动回去。也就是说白洞很有贡献精神，它只向外部输出能量和物质，而不能吸收外部的任何能量和物质。

自霍金发现宇宙黑洞以来，黑洞就成了天文学家主要研究的对象，这一谜底还没有揭开，苏联学者诺维柯夫和尼曼又提出了白洞理论，这又引起天文学家们的极大兴趣。白洞是怎么形成的呢？白洞里有什么物质和能量呢？白洞和黑洞又有什么关系呢？

原来，白洞和黑洞就像一对亲兄弟，它们相辅相成。当一个球形天体的半径收缩到引力半径以内时，它还会一直收缩下去，最后收缩到中心奇点上，这就形成了黑洞。如果黑洞的半径小于这个球形天体的引力半径，它就会向外膨胀，黑洞中心奇点周围的高密态物质就会向外喷射，就出现了反塌缩现象，我们就把这一反塌缩过程叫作“白洞”。

白洞形成后，它中心奇点的物质中，可能存在的各种基本粒子或引力

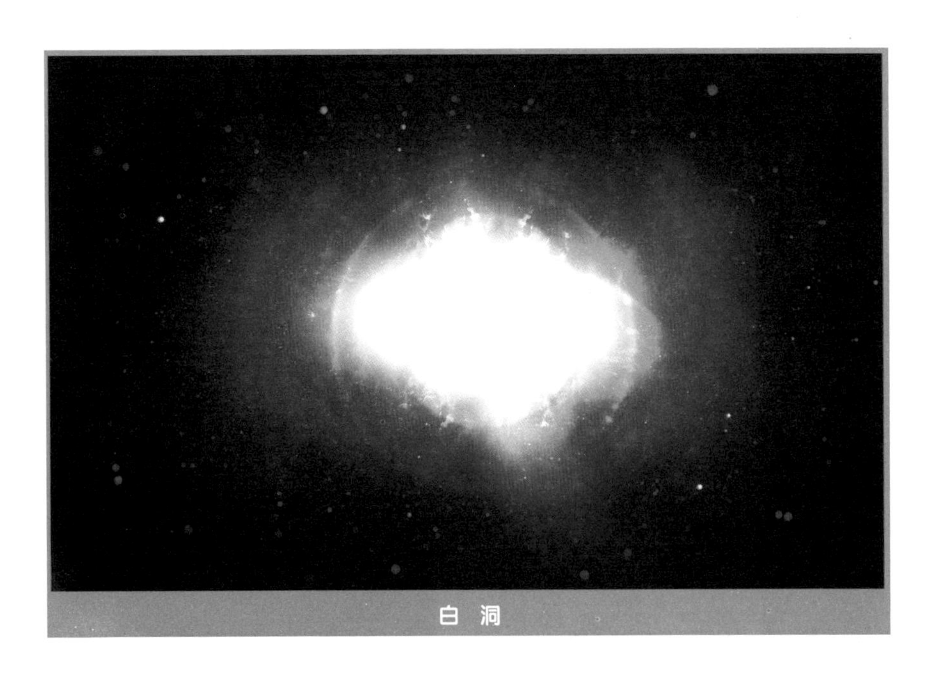
白 洞

子，在最初时是处于平衡态中的。但随着膨胀越来越大，它的物质密度就会不断地减少，当达到膨胀顶峰时，就可能会引起核子—反核子对的复合，以及介子和超子的衰变等，这一反应会将各种高能粒子、中微子和光子等喷射出去。这些喷射出去的粒子被连续地注入白洞周围的介质中，又会引起次级喷射。

白洞的奇点是什么呢？原来，构成宇宙的微粒有它自身的时空弯曲和自身的几率波。白洞就是波粒时空三象性的奇点，是几率波、粒子和时空开端的地方。在真空里，最早有一对特殊的正反粒子，还有这对粒子自己的弯曲时空，它拥有一个白洞的奇点和视界，是唯一的一对白洞正反原初奇点粒子，而白洞正反粒子由真空量子起伏涨落而产生，它们与真空量子起伏涨落产生的第一对正反粒子非常靠近，所以正反粒子的两个白洞奇点和视界就形成了共同的等效公共奇点和视界，它们形成了公共白洞。正反原初奇点粒子在白洞内部向我们的物质宇宙或相反物质宇宙的方向运动，最后极化为白洞真空，白洞的质量和视界进一步扩大。

由于白洞的起点时间是静止的，又是单向运动区，因而，当它们成对产生后，却不能相互合并，也不能跑出白洞。这就让白洞内部真空量子产生起伏，生产出更多的正反粒子，它们因为动量守恒而分离，它们一旦分离出去，就不能停止和倒退，就像开弓没有回头箭一样，只能前进。它们在白洞强大的引潮力作用下被撕裂。如果是强子，将因为夸克色禁闭而形成新的强子，新强子又被再次白洞强大的引潮力撕裂，它们同时又因为夸克色禁闭而形成新的强子，强子数量不断暴涨，它们在白洞加速中又获得了新的能量，进一步增大了白洞的质量和视界。

科学家们认为，自从宇宙大爆炸以来，我们的宇宙一直在不断膨胀，密度也在不断减小。如果按反向推论的话，那么，在200多亿年以前，宇宙是被禁锢在一个点上的。宇宙发生原始大爆炸后，开始向外膨胀，当它们冲出“视界”时，就成了白洞。

白洞到底是不是真的存在呢？到目前为止，白洞还只是科学家们的一种理论，并没有被真实地发现，白洞仅仅是理论预言的天体，是与黑洞相反的特殊的“假想”天体，也是大引力球对称天体中，史瓦西解的一部分。

英国物理学家史蒂芬·霍金曾经解释说，当一个“黑洞”和一个“白洞”与它们周围的环境达到热平衡时，黑洞和白洞会吸收和放射出等量的放射物，所以黑洞和白洞是相互联系在一起的，也极有可能黑洞的另一面就是白洞的存在地了。

这个理论也不是没有道理。根据白洞理论，白洞是宇宙中的喷射源，它可以向外部区域提供物质和能量，但从来不吸收外部区域的任何物质和辐射。如果真是这样的话，它的寿命能维持多久就不得而知了。

白洞和黑洞一样，有一个封闭的“视界”。但白洞中的时空曲率在这里是负无穷大的，也就是说，白洞对外界的斥力是无穷大的，即使有光笔直地射向白洞的奇点，也会被弹回，所以，白洞是不吸收任何外在能量的。理论物理学家们认为，白洞的无穷大的斥力会使白洞不带任何电荷，因为

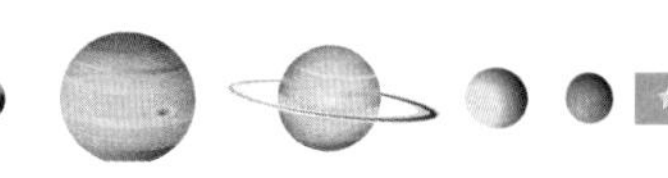

电荷会很容易被赶到视界外。所以白洞也就不会旋转。

白洞看来只可能是一种想象中的产物了。那么我们就展开丰富的想象吧。你可以把黑洞想象成时光隧道，在它无限塌缩的过程中，时光是倒流的，因此，我们可以想象成是可以穿越时空的。我们不妨把静止的白洞想象成是神仙居住的地方，那里的一切都因为静止而长生不老。

白洞到目前为止还只存在于天文学家的理论中，在宇宙中并没有发现类似白洞的特殊天体，而据推论，白洞和黑洞有着密不可分的联系。所以，这就成了天文之谜，有待于我们去研究。

65

看起来像个球的天空

无论是白天还是黑夜，当我们观测天空的时候，天空是半圆形的。天空的中间很高四周很低的样子，像不像半个倒扣的球呢？要想知道天空看起来像半个球是怎么形成的，我们就先要学习地球的自转。

通过学习过的地理知识你会明白，地球是椭圆形的球体，它每天都会围绕太阳转，同时它也在自转。而这些已经列入教材的东西，我小的时候却不能理解，既然地球是圆的，而它又在日夜不停地旋转，当它旋转到一定程度时，我们会不会头朝下呢？而当我们站着时，居住在地球另一面的人会不会头朝下了呢？我们已经知道地球是飘浮在空中的，那么，它会不会有一天远离了太阳飞向别处呢？我相信这些古怪的念头你也曾经有过吧？那么，我们就先从地球的引力说起吧。

引力是质量的固有本质之一，每一个物体都会被另一个物体所吸引。比如磁铁，正极和负极就会互相吸引。而我们人类和地球上的生物都会被地球的引力吸引一样，我们始终是在地球上，而不会被地球甩出，因为我们所有这些东西的质量超不过地球的质量，才能被它吸引。经过这样推论就会得出：地球离不开太阳的引力而围着太阳转，太阳又会被银河系的引力所吸引而存在于银河系中。

历史上曾经有很多物理学家、天文学家、数学家、自然哲学家，甚至还有炼金术士都证明了地球的引力存在。

早在牛顿发现万有引力定律以前，就有许多科学家考虑过这个问题。开普勒曾认识到，要想证明地球等行星是围着太阳转的，必定会有一种力在起作用，他认为这种力像吸铁石的磁力一样，能牢牢吸住行星而不会跑远。于是，他推导出开普勒第三定律。

1659 年，惠更斯在研究类似钟摆的运动中发现，如果想要保持物体沿圆周轨道运动，就得需要一种向心力。胡克等人认为这种力就是引力，并且试图将引力和距离联系在一起来进行研究。1664 年，有一颗彗星在经过太阳时，轨道弯曲了，胡克发现后，认为这是太阳的引力作用才使彗星改变了原来的行走轨道。

1673 年，惠更斯又推导出一套向心力定律。1679 年时，胡克和哈雷从惠更斯的向心力定律和开普勒第三定律中，推导出维持行星运动的万有引力和距离的平方成反比。

现在我们知道星系、恒星、行星，还有我们人类，为什么会一级被一级吸引了吧？这就是万有引力的作用呀。要想了解万有引力，还有一个很有意思的故事呢。

1666 年前后，牛顿在老家居住的时候，经常考虑引力这个问题。假期里，他常常会到小花园里独坐片刻。花园里的苹果树上挂满了红通通的苹果，牛顿经常望着它们出神。忽然，一颗熟透的苹果落地，牛顿正思考着引力的问题，他看着垂直落地的苹果，大脑灵光一闪，他不由得呆了。

究竟是什么原因使地球上的一切物体都朝向地心呢？终于，牛顿在苹果落地的一刹那，发现了万有引力，万有引力对人类研究地球和太空具有划时代的意义。

1685 年，哈雷登门拜访牛顿，敦促他赶快研究万有引力。牛顿在哈雷

面前证明，两个物体的引力和距离的平方成反比，和两个物体质量的乘积成正比，从而证明了万有引力的存在。

当时，科学家们已经有了日地距离、地球半径等精确的数据，牛顿利用这些，计算出地球的引力是使月亮围绕地球运动的向心力，太阳的引力是各行星围绕太阳的向心力，他认为，行星运动符合开普勒运动三定律。

我们已经了解了万有引力，也就是说，我们不用担心人走到地球的另一面会是头朝下的了，也不用担心地球会飞离太阳了。曾经有人对地球的旋转有怀疑，他们认为，如果地球在不断地旋转，人们怎么没有感觉到晕头转向呢？

因为地球没有遇见外边的任何阻碍，它在带领我们旋转的同时，整个地球的大气层都在跟着旋转，包括我们自己也是旋转的。所以，在自然界里没有什么东西会用阻力、运动或碰撞阻止地球的运动，而我们也感受不到它在动。

事实证明，地球是圆的，我们的天空也是圆的，只是我们只能看到我们这半球的天空，才看到了半圆的天空。

世界上第一架天文望远镜

望远镜是利用透镜制造的。天文观测中自从有了望远镜，简直如虎添翼，望远镜对天文学的发展起到了至关重要的作用。说起望远镜的发明，还有一段很有趣的故事呢。

1608 年的一天，有两个小孩子在荷兰米德尔堡李波儿赛的眼镜商店门前玩，他们一会儿哈哈大笑，一会儿指手画脚，看着他们的表情，好像哥伦布发现了新大陆。

汉斯·李波儿赛今天心情很好，他也不由得凑上去看。原来，两个小孩拿着几片透镜正玩得不亦乐乎。李波儿赛拿过两片透镜叠到一起，看到远处教堂上的风标扩大了不少，上面的花纹也显现得很清楚。

李波儿赛像发现了新大陆一样高兴，他急忙跑进自己的眼镜店，将两片透镜反复组合，然后把这两个镜片装在一个筒子里。经过多次实验后，汉斯·李波儿赛制造出了世界上第一架天文望远镜，并在 1608 年申请了专利。他遵从当局的要求，又制造出一个双筒望远镜。

为什么两片透镜就能使远处的物体清晰可见呢？它的远视原理是这样的：远处的图像通过透镜的光线折射，使光线被凹镜反射，然后进入小孔会聚成像，再经过一个放大目镜才会被我们看到。

望远镜能放大远处物体，让人眼看清角距更小的细节。还能把比瞳孔直径粗得多的光束送入人眼，让我们观测到原来看不到的暗弱物体。

可想而知，当人们通过望远镜发现星空的秘密时，是怎样的振奋人心呀！自从1608年汉斯·李波儿赛发明望远镜以来，望远镜经过一代代改良后，它的功能越来越强大，所观测的距离也越来越远。

伽利略·伽利雷

1609年，意大利的伽利略·伽利雷发明了40倍双镜望远镜，这是第一部投入科学应用的实用望远镜。就在同一时期，德国的天文学家开普勒写了一部《屈光学》，按照他的理论，能制造出比伽利略的望远镜视野更开阔的望远镜。但他没有去实施制造。一个叫沙伊纳的人在1613年根据开普勒的理论制造出一个具有三个凸透镜的望远镜。他的发明震惊了世界，原来，以前两个透镜看到的远方的成像是倒着的。他的三个透镜正好把倒像变成了正像，更有利于人们用肉眼去观测。

沙伊纳做了8台这样的望远镜，当他用一台台望远镜去观察太阳时发现，无论哪一台都能在太阳里看到相同形状的太阳黑子。从这一天开始，人们才真的相信，太阳上确实存在黑子，而不是望远镜上的尘埃。在观察太阳时，沙伊纳装上了特殊的遮光玻璃，伽利略制造的望远镜却没有保护装置，结果照伤了眼睛，差点儿失明。

在以后的岁月里，出现了很多制造望远镜的达人，荷兰的惠更斯就是其中的一个。他为了减少折射望远镜的色差，在1665年做了一台筒长近6米的望远镜，用来探查土星的光环，这还不是最长的望远镜呢！他后来又做了一台将近41米长的望远镜。还有一个制造望远镜的达人是英国的赫歇耳（William Herschel），他在1793年用铜锡合金制成反射式望远镜，反射镜的直径为130厘米，重量达1吨，可以算是重量级的望远镜了。

惠更斯

但是，比这个更大的望远镜还在不断地产生着。1845年，英国的帕森（William Parsons）制造出直径为1.82米的反射望远镜；1917年，在美国的加利福尼亚威尔逊山天文台制做了胡克望远镜，这架望远镜的主反射镜口径为100英寸。哈勃（Edwin Hubble）用这架望远镜发现了正在膨胀的宇宙。

无论是折射望远镜还是反射望远镜，它们都有优缺点。折射望远镜像差小，但有色差，而且造价成本随着尺寸增大而昂贵；反射望远镜存像差，但它造价低廉。1930年，德国人施密特（Bernhard Schmidt）根据折射望远镜和反射望远镜的优点制成了第一台折反射望远镜；1950年，在帕洛玛山上安装了一台直径为5.08米的海尔（Hale）反射式望远镜；1969年，在苏联的高加索北部的帕斯土霍夫山上，安装了一部直径6米的反射镜；1990年，美国航空航天局将哈勃太空望远镜送入轨道；1993年，美国在夏威夷莫纳克亚山上建成了口径为10米的“凯克望远镜”，它的镜面是由1.8米的36块反射镜拼合而成；2001年，欧洲南方天文台研制出“甚大望远镜（VLT）”，它是由4架口径8米的望远镜组成的，它的聚光能力和一架16米的反射望远镜差不多；2014年6月18日，智利在赛罗亚马孙（Cerro Amazones）山的山顶上安置世界上功率最大的望远镜，这个望远

镜被称为“世界上最大的天空之眼”E-ELT，它宽近40米，重约2500吨，亮度比现在的望远镜高15倍，清晰度比哈勃望远镜高16倍。另外还有一批正在筹建中的望远镜，有30米口径的“30米大望远镜（Thirty Meter Telescope，TMT）”、有20米口径的大麦哲伦望远镜（Giant Magellan Telescope，GMT）、有100米口径的绝大望远镜（Overwhelming Large Telescope，OWL）等。

所有这些望远镜的出世，都是为了探索广漠的宇宙而准备的。要不是当初那两个孩子的好奇心，还有李波儿赛那双善于发现的眼睛，天文世界还会这么神奇吗？世界上没有不可能的事，只有想不到的事。所以，在今后的生活里，我们要善于思考，勇于探索，去发现和发明未知的东西。

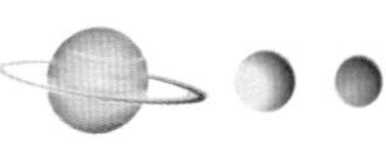

67 天文台的构建

第 谷

说起天文台的构建，这还要从遥远的古埃及说起。公元前 2600 年，古埃及人为了观测天狼星，建立了世界上最早的天文台。无独有偶，大约 2500 年前，古代的中国也建了天文台，当时被称作观象台、清台、灵台。公元前 2000 年，古巴比伦也建立了天文台。

许多有古文明的国家当时都建有天文台，他们不但观测天文现象，还在天文台上占星，这些天文台也是统治者形象的象征。直到 15 ～ 16 世纪，欧洲的一些天文家才开始建立自己的天文台。

1576 年，丹麦的天文学家第谷在哥本哈根建立了天文台，他配备了当时最先进的天文仪器。

丹麦天文学家第谷在哥本哈根建立了天文台

以后随着天文望远镜的问世，各地的天文台也如雨后春笋般建起来。1667 年，法国建立了巴黎天文台；1675 年，英国建立了格林尼治天文台，它们在当时都是很著名的天文台。到了 20 世纪，天体物理学的发展促进了天文台的发展，各国都在兴建天文台，到 2009 年为止，世界上大约有 400 个大型的天文台在运转。

我们在前面小节里曾经学过，各星和各星系星团都是在不断运动着的。要建好这些能观测星象的天文台需要什么条件呢？但那么笨重的望远镜是不可能随便挪动的，这就给天文台的选址出了一个难题。

天文台的选址一定要选在开阔的山顶上，要远离城市灯光和雾霾经常发生的地方，一定要视野开阔。世界上三个最佳天文台的台址都设在高山上：夏威夷莫纳克亚山天文台，海拔 4206 米；智利安第斯山天文台，海拔 2500 米；大西洋加那利群岛天文台，海拔 2426 米。但并不是越高的地方越离星星近，对于山峰的海拔来说，比之太空的距离是渺小的。之所以选在高山之巅建天文台，是因为在越高的地方，空气就越稀薄，烟雾、尘埃和水蒸气也就越少，对观测天空有利。

建造容纳望远镜的屋子也是特别制作的，因为望远镜能随意指向天空的任何一个目标，所以，屋顶必须设计成半圆形的，和我们在露天观测到的天空的形状一样。并且在圆顶和墙壁的接合部位装置上由计算机控制的机械旋转系统。屋顶的半球上要留一条宽宽的裂缝，这就是天窗。天窗从屋顶的最高处要一直裂开到屋的底方，让庞大的天文望远镜能从这个天窗里指向辽阔的天空。

这样的话，只要转动圆形屋顶，想要观测哪里，天窗就会开到哪里，

望远镜也会随之转向哪里。再上下调整一下天文望远镜的镜头，就可以让望远镜观测到想要观测的目标了。如果不想观测时，把圆顶上的天窗关起来就可以了，能保护天文望远镜不受风雨侵蚀。

英国建立了格林尼治天文台

但是，并不是所有的天文台的屋顶都是半球形的。对于射电望远镜来说，望远镜的雷达需要全半空间无死角地旋转，就需用半球形的屋顶了。而普通光学望远镜的屋顶就不需要设计成半圆形的屋顶了，它只要具有旋转的功能，就可以观测到不同方位的太空。为什么大多数天文台都把观测屋建成半圆形的屋顶呢？原来，这样的半圆形结构是建筑结构力学上最稳定的结构。从外观看起来，半圆形的屋顶结实又美观。

但人们还建了许多长方形或方形的天文台，对不需要水平旋转的望远镜，有些天文观测只要对准南北方向就行，望远镜会利用地球的自转而转换视角。这样的天文台的屋顶只需一个长条形天窗就可以让天文望远镜顺利工作了。

天文台可分为射电天文台和空间天文台两大类。射电天文台主要是由巨型或超巨型的无线接收设备和基站构成的，射电望远镜越大，它受干扰就越小，观察的范围就越大。空间天文台主要是由人造卫星组成，它们一般用于空间观测，配备的是非常先进的光学观测系统。

在今后的日子里，人们还会建造更多的天文台用来观测太空，也会有更多用途的天文台产生。

68

把望远镜送上天

自从望远镜发明后，有人就想，地球和太空的距离这么遥远都能进行天文探测，如果把望远镜放在太空中，岂不是和太空又近了一步？会不会观测到不一样的结果？

1992 年，来自美国的比尔·博鲁茨基就想做“把望远镜送上天”的第一人。他向美国航空航天局（NASA）提出了一项大胆的建议：向太空中发射一架望远镜，去探测远在千万亿千米之外的行星。NASA 拒绝了他的建议。但博鲁茨基没有放弃，他曾经是一位资深的航天人士，曾经经历过阿波罗登上月球的时代，他知道，一切皆有可能。两年后，他又提交了这个项目的修改版，但当时的 NASA 刚花了 10 亿美元把哈勃望远镜送上太空，他们认为，博鲁茨基的太空望远镜也会出现哈勃光学系统对焦不准的情况。他们担心再发射一台太空望远镜也是白浪费资金。

到了 1996 年，博鲁茨基团队又申请了一次。那时候他们已经用 CCD 做了光学测量，证明这种探测器已经足够精确，能在太空中发现行星。但还是被 NASA 拒绝了。

在接下来的十年时间里，他和他的团队打造了各种部件，用实验证明他的建议是切实可行的。终于在 2001 年，NASA 在他的韧劲儿面前妥协了，

他们批准了博鲁茨基在太空放置开普勒太空望远镜的项目。从此，这个首位登空的望远镜在探测行星方面立下了赫赫战功。它自从2009年升空以来，已经确认了100多颗行星，辨认出3000多颗候选行星。它们包括具有灼热气态的巨行星，还有拥有两个太阳的怪异行星系统。博鲁茨基预测，到2016年，这个叫开普勒的望远镜将会发现大小及质量都和地球相似的行星。

为什么比尔·博鲁茨基敢为天下先呢？原来，童年时期的博鲁茨基就很热爱天文学了。他经常和小朋友们去叶凯士天文台观测太空，有时候他也会爬上楼顶去看流星雨。后来，他和小伙伴对火箭发生了兴趣，他们制造的火箭模型从5厘米高到几十厘米高，最后还安装了无线电发射机，以备发射后能及时找到它。

由于他对天文的热爱，1962年，他在威斯康星大学获得了物理学硕士学位，来到西部的艾姆斯研究中心工作，当时的艾姆斯中心正在为阿波罗计划设计隔热罩。当时的NASA还没有登上过月球，不知道大气层里会含有什么化学物质，更不知道什么样的隔热罩才能保护飞船安全通过大气层，因此，隔热罩也就无从设计。

后来，博鲁茨基想到了一个好办法，让一门大炮进入另一门更大的炮里面去，当开炮的时候，能够把所有空气通过超声喷嘴发射出去。他就是利用这个超声的速度，再让飞船模型穿过那些空气，然后研究出制造隔热罩的方法。最后，阿波罗顺利到达了月球。

这是人类第一次登上月球，这里面就有博鲁茨基的功劳呀！

69

离赤道越近越好的发射场

世界上很多航天发射场都是建在中、低纬度上的，也就是赤道附近。为什么科学家们都想这么做呢？原来，航天发射场的位置选择，除了要考虑气象、安全等原因外，还要考虑费用问题，也就是说，在赤道附近建航天发射场，能节省不少资金。

我们知道，地球一直是由西向东不停自转的。但在地球表面上，不同地点的线速度（就是物体上任意一点对定轴做圆周运动时的速度）也有所不同。赤道处的线速度约为465m/s，随着纬度的增高，线速度会越来越小。例如：当线速度在纬度30°时，是403m/s，当线速度在纬度60°时，是233m/s，当线速度在南北极时，是0m/s。所以，当发射由西往东运转的卫星时，轨道与赤道的倾角越小，发射场离赤道越近，才能最大限度地获得地球自转的离心力，才能有效地把将要发射的卫星甩出去。

但是，如果所发射的卫星轨道有很多倾角、发射由东向西运转的卫星，或者是通过两级轨道发射卫星时，离赤道近或者不近就没有什么作用了。

1963年，印度建立了第一个科学试验靶场顿巴赤道发射场，它是印度的主要航天发射场。它位于印度南端附近的特里凡得琅，基本接近赤道。

顿巴赤道发射场位于阿拉伯海海岸，具体位置在喀拉拉邦特里凡得琅城以北 6 千米的地方，它的地理坐标为东经 76°52′，北纬 8°31′，海拔 64 米，年平均温度最低为 24℃，最高为 30℃，从 1 月至 7 月温差变化只有 4℃。年平均湿度在 58%～94% 之间，是个温度和湿度适宜的地方。它一年内多刮北风、西风和西北风，平均风速只有 7m/h，它的月平均降雨量是 127 毫米。

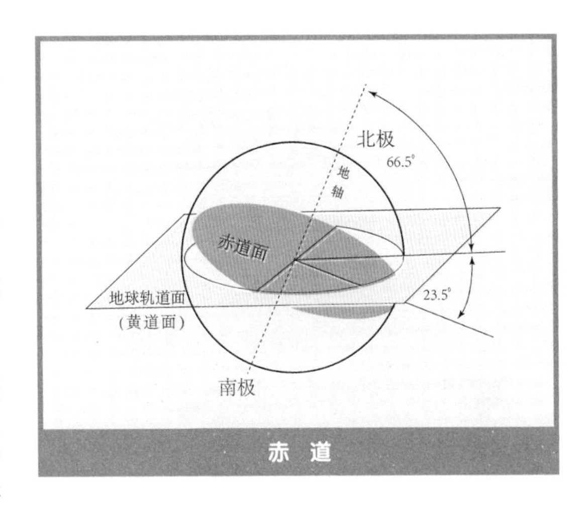

赤 道

这么温和的气候，正适合进行低高度上层大气和电离层研究，而这些研究对地磁赤道区（在顿巴正北面）具有很重要的意义。所以，顿巴航天发射场在美国、法国和苏联等国的支持下，已经成为探空火箭的国际发射场。

顿巴发射区的面积为 2 平方千米，有三个发射台，能发射直径超过 0.56 米的火箭。自 1963 年 11 月 21 日投入使用以来，已成功发射了美国宇航局的一些探空火箭，还发射了各种类型的火箭，它们的升空，对探索地球的物理和天文有很重要的作用。前联邦德国、苏联、法国、保加利亚和日本的科学家们在这里参加了各项科学实验。

自 1962 年开始筹建顿巴发射场以来，印度政府除了建设基础设施外，还进行了火箭子系统的修建等一系列工程，在过去的四十年中，顿巴发射场承担设计和组织发射了一系列火箭，已经成为一个卓越的火箭技术中心。

看了上面的介绍，你明白为什么航天发射场离赤道越近越好了吧？其实，在我们的生活、学习中也存在同样的道理，只有你善于去发掘和总结，才能事半功倍。

70 真正的宇航之父

航天事业发展到现在可谓是人才辈出，可真正的航天祖师爷是谁呢？这要算康斯坦丁·爱德华多维奇·齐奥尔科夫斯基（Konstantin Eduardovich Tsiolkovski）了，他是苏联科学家，是现代火箭理论和航天学的奠基人。

说起齐奥尔科夫斯基对航天的热爱与贡献，这里还有一个他的励志故事呢！

1857 年 9 月 17 日，齐奥尔科夫斯基出生在俄国的伊热夫斯科耶镇。年少的他是快乐的，母亲虽然很贫穷，但也会给买他最爱玩的气球。他往往淘气地把气球充满气后放飞，他想知道气球飞往的地方是个什么样的世界。他也和我们一样，对神秘的太空有着太多的幻想，他甚至幻想着，能像气球一样飞向太空，并能在那里居住，每天和白云相伴，那将是多么惬意的事情啊。

可是，在他 9 岁时，得了猩红热并发症，那时候的医疗条件很不完善，他一连发了几天的高烧后，烧坏了耳膜，从此，齐奥尔科夫斯基完全失去了听觉。他被迫辍学。

孩子们，如果一个健康的人突然残疾了，远比从小就是残疾的人还要痛苦，还要残忍！他整天不出门，也不愿意听到小伙伴们叫他小聋子，他

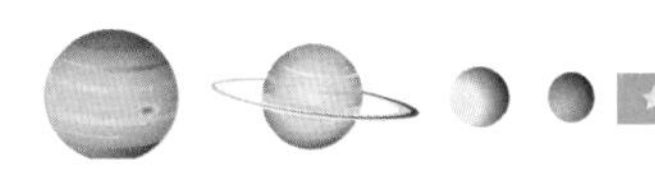

的精神抑郁起来。

真正的航天之父　齐奥尔科夫斯基

疼爱他的妈妈看着儿子天天忍受痛苦的折磨，心疼极了，她怕儿子会因为孤独不能融入社会，也担心儿子因为疾病被人歧视。妈妈为了让小齐奥尔科夫斯基摆脱痛苦，完成家务后，她教儿子读书，让他看着自己的口型练习发音。为了能让儿子发出准确的音，妈妈夜以继日地陪伴着儿子，他们往往为了一个正确的发音要花费好几天的时间。终于，儿子能发出正确的读音了，妈妈高兴地流下了泪水。是妈妈用自己无微不至的关怀和爱去抚平了儿子心灵上的创伤，让儿子在今后的道路上用知识去充实大脑，在求学的道路上走得更远。

那段日子里，齐奥尔科夫斯基是快乐的，他仿佛又回到了小时候，他想探索宇宙的梦又复燃了。然而，命运往往作弄人，疼他爱他的妈妈由于积劳成疾去世了。这时候，走出疾病雾霾的齐奥尔科夫斯基已经变得很坚强了，为了让妈妈含笑九泉，他发誓，一定不辜负妈妈的期望，让自己学有所成。

他对宇宙的痴迷简直到了疯狂的地步，他强忍失去母亲的痛苦，开始了艰难的自学。他首先找来父亲仅有的几本自然方面和数学方面的书籍，然后废寝忘食地自学起来。

但是，没有老师的指导，想要自学谈何容易，可齐奥尔科夫斯基没有被困难吓倒。很快闭塞的小镇已经容纳不下他强烈的求知欲，16 岁时，他孤身一人来到莫斯科，想学习新知识。可由于残疾和贫穷，他被挡在了正规学校门外。他只好借住在一位贫穷的洗衣妇家里。他每天白天去图书馆看书，晚上用父亲给的生活费买的化学器具和药品做实验。两年中，他过着半饥半饱的生活，却凭着毅力和勤奋学完了中学和大学的物理和数学课程。

23 岁时，他的命运出现了转机，他参加了伯洛夫公立中学的教师选拔考试。最终以优异的成绩被聘为伯洛夫公立中学的物理和几何教师。

当了教师的齐奥尔科夫斯基把业余时间全部利用起来，开始了他的星际航空理论研究。他把几乎所有的工资都用来买了仪器和书，自己制造了很多模型和仪器。因此，他的生活除了黑面包就是水，他照常过着艰苦的生活。可是，他的精神是富有的。别人看见他整天沉浸在航天梦里，就嘲笑他是疯子，是个不折不扣的空想家。可齐奥尔科夫斯基这时候的心脏是和宇宙一起跳动的，他的耳朵是用来听宇宙召唤的，即使他从别人的口型里分辨出来了嘲讽，他也不在意。

因为他的勤奋，他取得了宇宙里的第一手资料。

那时候还没有一架真正的飞机飞上天空，可齐奥尔科夫斯基就已经幻想着人类能踏上太空了。他还提出了征服星际空间的具体计划，论述了用液体当燃料制造火箭、火箭从地面起飞需要的条件和在星际空间飞行的条件等一系列研究成果。他还提出，火箭要制造多级的，并计算出了克服地球引力时火箭的最低飞行速度。最重要的是，他还论证了设立宇宙空间站的必要性。

齐奥尔科夫斯基的一生走得快捷而踏实。1903 年，他发表了世界上的第一部喷气运动理论著作《利用喷气工具研究宇宙空间》。后来，他的《可驾驶的金属飞船》《自由空间》《可操纵的金属气球》《宇宙火箭到来》《钢质气船》《喷射推进飞机》《星际航行》等一系列科学著作陆续发表，他为开创人类的宇航事业奠定了理论基础，他为人类认识和征服宇宙做出了巨大的贡献。

齐奥尔科夫斯基一生撰写了 730 多篇论著，并被苏联政府授予劳动红旗勋章。1935 年 9 月 19 日，这位伟大的航天先驱在卡卢加逝世。

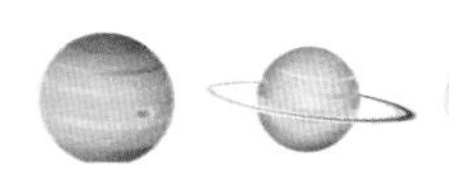

71

登上月球的美国人

自古以来，人们都做着登上月球甚至登上更远星球的梦。古今中外，都有有关月球的美好传说。可人们从来都没有冲出过大气层，更别说登上月球了。美国宇航局1969年至1972年间，先后有12位宇航员登上月球，其中最著名的要数“阿波罗11号”飞船登陆月球了。

人类第一次登上月球

1969年7月16日早晨的9点32分，“阿波罗11号”飞船在肯尼迪角的39A综合发射台发射了，民航机长尼尔·阿姆斯特朗任飞船船长。当时，他和两位空军军官巴兹·奥尔德林上校和迈克尔·科林斯中校正在飞往月球。“土星5号”火箭的第三级把他们乘坐的飞船送进一条118英里高的轨道。他们把一切工作系统检查了两个半小时后，再度发动第三级火箭，这级火箭的时速是24245英里，他们将脱离地球大气层，向25万英里外的月球前进。

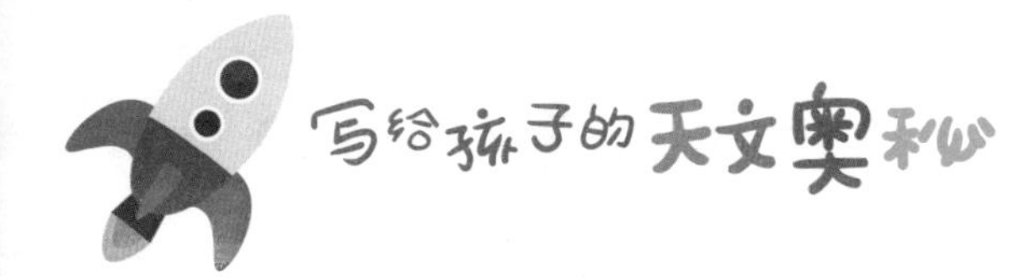

在距离地球5万英里的地方，由科林斯操纵的名为“哥伦比亚”的指挥舱和名为“鹰”的登月舱相对，当“哥伦比亚”和“鹰”互相钩住时，“土星5号”的第三级就被抛弃了。

在他们航行的第二天，是星期四，他们开动了“哥伦比亚”的发动机。这样他们就可以在星期六时，登上离月球69英里的一条轨道了。

星期五的下午，阿姆斯特朗和奥尔德林爬过两个运载工具之间的管道，进入登月舱“鹰”号。在那天的黄昏时刻，他们进入了月球的重力场。此时，他们离月球只有44000英里，他们加快了行进的速度。星期六下午，他们进入了绕行月球的轨道，把行进速度降低到3736英里/时。

7月20日星期日上午7点02分，航控台叫醒了他们，激动人心的登月开始了。阿姆斯特朗和奥尔德林在“鹰”舱里把用于着陆的四条支架伸展出舱外，在航控台的指挥下，登月舱和“哥伦比亚”分开，他们驾驶着“鹰”向月球上的静海飞去。当他们离月球表面9.8英里时，进入一条低轨道，在一片看起来满是火山坑和高山的荒野上飞行。

这时，休斯敦指挥中心的一部计算机向他们发出警报，他们根据休斯敦的指挥官的指示向前飞去，阿姆斯特朗掌握着操纵器，奥尔德林不停大声读着仪器上的航行高度和速度。当他们打算下降时，阿姆斯特朗发现他们将落在西火山坑，而这个地方地域广阔而不能接近。而此时的“鹰”舱离月球只有不到500英尺高了。阿姆斯特朗果断向火山坑外面飞去，这个决定意味着快要用完燃料了，要么转向飞行，要么有坠毁的危险。就在这危急时刻，仪表盘上发出两道白光显示，“鹰”舱已经着陆月球了。

他们花了三个小时用来检查仪器，然后，他们穿上价值30万美元的太空衣，将登月舱内压力降低，阿姆斯特朗背朝外，从九级梯子上慢慢走下去。当他走到第二级时，他一手拉着一根保险绳，一手打开电视照相机的镜头。当他的靴子接触到月球表面的那一刻时，他大声宣布：“对一个人来说，这是小小的一步，但对人类来说，这是一个巨大的飞跃。”这时的时间

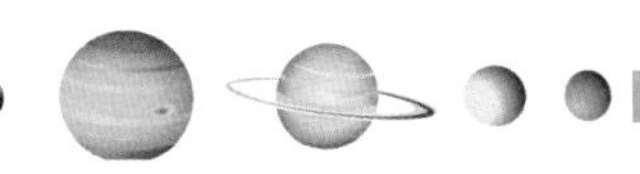

是 1969 年 7 月 20 日下午 10 点 56 分 20 秒。

阿姆斯特朗拖着脚步在地上走来走去，他说 :“月球表面是粉末状的，像木炭粉似的粉末沾满了我的鞋底和鞋帮。我一步踩下去不到一英寸深，但我能在细沙似的地面上清楚地看出我自己的脚印。”阿姆斯特朗抓了些细粉放进自己太空服的口袋里。在他下舱后的第 19 分钟，奥尔德林来到他身旁赞叹着说 :“月球真是美啊，壮丽而凄凉！”然后，阿姆斯特朗把一根标桩打进土里，把电视摄影机架在上面，正好把样子像蜘蛛的“鹰”舱收入电视画面，它的背景就是漆黑的永恒的夜。

在这里，他们能像羚羊一样跳来跳去，这里的重力只有地球的 16.6%。他们插上了美国国旗，还放了一个盛有 76 国领导人拍来的电报的容器，还有一块不锈钢的饰板，上面刻着 :“来自行星地球的人于纪元 1969 年 7 月第一次在这里踏上月球。我们是代表全人类和平来到这里的。”

他们一面搜集石块用作科学研究，一面测量太空衣外面的温度，他们还用金属箔来收集太阳粒子，并架起测震仪来记录月球的震动。他们架起反射镜，把结果送给地球上的望远镜。

在月球上他们一共待了 21 小时 37 分，在半夜里回到“鹰”舱，发动引擎离开了月球。他们返回轨道后，和待在“哥伦比亚”里的柯林斯会合，柯林斯把“哥伦比亚”和“鹰”舱重新钩在一起。他们从管道里爬进“哥伦比亚”飞船，“鹰”舱则被遗弃，最后将坠毁在月球上。

7 月 23 日 1 点 56 分，柯林斯发动引擎，让“哥伦比亚”摆脱了月球的引力驶向地球。宇航员们在 17.5 万英里的高空中，拍摄了一张地球的照片传给电视台。由此，人们才真正地看到了我们所居住的这个蓝色星球的风采。

经过 16 个小时的高速航行后，他们于 7 月 24 日进入太平洋上空的大气层。突然，意外情况发生了，“哥伦比亚”和指挥中心失去了联系。此时，守候在航空母舰“大黄蜂号”上的雷达探测到了它的踪迹，宇宙飞船已经

降落在 13.8 英里外的海面上。负责营救的人抓紧将航空母舰驶向他们。

原来，“哥伦比亚”飞船进入大气层时，飞船的前挡板被 4000 度高温烤焦了，而他们又飞入了云层，这导致它和指挥中心失去了 3 分钟的联系。此间他们赶紧打开降落伞才得救。

在这次行动中，宇航员们克服了前所未有的困难登上月球，并顺利返回地球。那时候的科技没有现在发达，他们所克服的困难是现在的我们难以想象的。

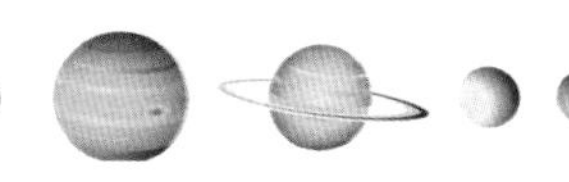

72
空间站的作用

在前面小节里我们已经说过，宇航之父齐奥尔科夫斯基曾经建议，在以后的太空探索中，要建立空间站。那时候宇航之父的建议只存在于设想中，还只是理论阶段。现代科技飞速发展的时代，齐奥尔科夫斯基的建议不再只停留在理论上，各个发达国家在太空中都建立了太空空间站。

苏联在1971年至1986年间，建成了礼炮1号空间站、DOS-2号、礼炮2号、宇宙557号、礼炮3号、礼炮4号、礼炮5号/Almaz、礼炮6号、礼炮7号。其中的礼炮1号空间站是人类在太空中建立的第一个空间站。这一系列的礼炮空间站在1971年到1985年服役期间，共发射1至7号空间站，其中礼炮2号、3号、5号空间站，属于军事用途的空间站，礼炮1号、4号、6号和7号是民用空间站。

苏联的空间站建成后，美国也于1973年至1974年间建成了天空实验室空间站。天空实验室先后共进行了1至4号任务，除了1号任务是发射的空间站核心部件外，其余的都是为往返空间站的太空船而服务的。

1986年至2000年，苏联/俄罗斯又建成了和平号空间站，它是礼炮计划的后继项目。曾经有许多国家的宇航员到访过“和平号”，并在那里工作过。后来，“和平号”被废弃，进入大气层被烧毁。原本为后续项目

国际空间站

的“和平号-2”准备的“星辰号”服务舱，也被合并到国际空间站的项目中了。

国际空间站（International Space Station, ISS）是由美国国家航空航天局（NASA）、俄罗斯联邦航天局（RFSA）、欧洲空间局（ESA）、日本宇宙航空研究开发机构（JAXA）、加拿大太空局（CSA）等国家组织共同建造的，从1998年开始建造，目前还未建造完成。

中国的“天宫一号”是2011年发射升空的，它是中国独立设计建造，并自己发射运用的一个小型的试验性的空间站。它已投入使用，2011年11月3日和15日，已经成功将“神舟八号”与“天宫一号”对接。2012年6月18日，“神舟九号”里的三名航天员与“天宫一号”对接成功，航天员成功进入“天宫一号”内部。

空间站又叫航天站、轨道站或太空站。是一种能在距离地球很近的轨道上长时间运行，能供很多宇航员长期生活、工作和巡防的载人航天器。

空间站又分单一式和组合式两种。单一式空间站是用航天运载器一次

性发射入轨的，而组合式空间站是把建空间站的组件用航天器分期分批送入轨道的，它们需要在太空组装完成。

空间站的建成，可以满足人类做太空短暂的旅游的愿望，还可以当研究太空的工作基地。在空间站里，有能供应多人在短时间内生活的必备品，能让人短时间内在那里正常工作和生存。

国际空间站的规模最大，结构也复杂，它是由实验舱、航天员居住舱、服务舱、桁架、对接过渡舱、太阳能电池等部分组成的，总质量约为423吨，宽88米，长108米，可载6人。

一般空间站里有一个载人生活舱，还有为不同的用途增加的科学仪器舱或工作实验舱等。空间站外部有太阳能电池板用来供应整个空间站的用电，还有一个对接舱口，用来与其他航天器的对接。

要想建立一个空间站，必须有合理的主体结构，还要有电源供应系统、姿势控制系统、温度控制系统、自动化和机器人系统、轨道操作和推进系统、计算机和通信系统、环境与生命保障系统等。此外，还要有乘员的生活设施，乘员和货物运输的系统等。

空间站的结构特点是：体积比较大、轨道飞行时间较长、并能在这里开展太空科研项目，还可减少航天费用。

自从有了空间站，人类可以在太空中短时间生活了。如果能去太空旅游漫步，那该是多么美好的事情啊！

73

航天器的对接很难吗?

孩子们，有没有想过要上太空去生活或旅游呢？如果想去的话，就要在那里住宿。可我们不可能在那里建造房子，因为那里没有砖瓦；我们也不可能把地球上的房子带上去，因为很多房子在穿越大气层时会被空气的摩擦力点燃后化为灰烬。我们唯一的方法就是在地球上焊接类似房屋的小型航天器，再到空间站里对接。就像我们建造房子一样，有卫生间、客厅、厨房等。所有这些房子都需要对接，能让人从这间屋子走到那间屋子。

如果想在天空里组合多个房间的话，交会和对接是载人航天器最基本的关键技术，它比微小航天器对接要复杂得多。如果没有交会对接，航天员将无法在太空中生活和工作，就无法组建空间站和大型空间设施，无法在太空中维修航天器和进行科学实验等。

宇航员能否从航天器顺利到达空间站，其中，航天器和空间站的对接起到了关键作用。苏联最初建的空间站，曾经有多次对接失败的经历。我们在电视中看到的对接似乎很简单，其实并不简单。

宇航器在空间可能会出现反复多次对接，微小航天器空间的对接方法比较简单。首先，把壁虎胶或压敏胶涂在航空器柔性展开装置的表面。当航空器进入预定轨道后，先打开密闭装置，再伸出折叠的柔性展开装置，

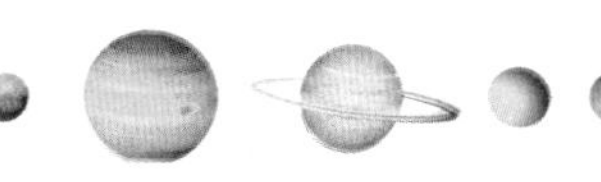

航天器的对接

它们以慢速同时展开。当柔性展开装置碰触到另一航天器的对接口时，通过压敏胶或壁虎胶实现黏接。

这个对接方式最大的好处就是能迅速将两个航天器对接成功，还能很方便地分离，具有很高的灵活性和可靠性，适用于小型航天器的对接，成功率很高。

在大型航天器对接中，需要有对接装置用于对接。一般有“环－锥”式对接装置、“杆－锥”式对接装置、“抓手－碰撞锁”式对接装置。

“环－锥”式对接装置采取销钉装置。当一个航天器和另一个航天器交会后，它的中央有一个导引杆，对接时，导引杆让两个航天器的对接装置精确对准，而另一个航天器上有一个“锥孔”，当这个航天器“销钉”插入“锥孔”后，锁紧构造会自动将它们锁紧，完成对接。

“杆－锥”式对接装置和“环－锥”式有所不同，一个航天器有杆，相当于“螺杆”，呈主动性；另一个航天器有锥，相当于“螺母”，是被动的。当两艘航天器交会后，有螺旋杆的航天器主动出击，“螺杆”主动旋入另一艘航天器的“螺母”中，对接完成。但对接杆和锥都位于对接口的中央部分，不利于宇航员进出。为了解决这一难题，科学家们研究出“对接装置异体同构周边”，当两艘航天器接近时，它们的三块导向瓣互相插入对方的导向瓣空隙处，与此同时，对接框上的锁紧机构使两个航天器刚性连接。

还有一种是“抓手－碰撞锁”式对接装置，这是欧洲空间局研制出来的十字形对接装置和日本的三点式对接装置的统称，这两者只是布局上有些差别。这两种装置仅用于无人航天器的对接。

中国科学家在对接方面另辟新径，他们开发出一种具有超高精度的“眼睛”引导系统，“眼睛”的学名叫光学成像敏感器。新的引导系统会在中国的第二个空间实验室完成“天宫二号”和“嫦娥五号”的对接，完成探月工程，并让这一技术用在载人空间站。光学成像敏感器对飞船和目标飞行器的对接起到穿针引线的作用，能让它们精准顺利地对接成功。这项技术还将用于卫星燃料的加注、维修，或飞机空中加油、水下无人航行器交会对接等领域。

通过学习这节我们知道，每一次对接装置的更新，都是对我们科学技术的考验。

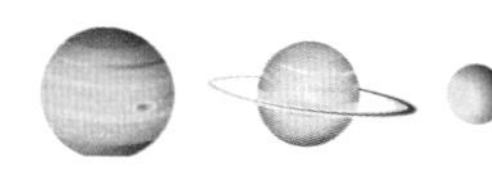

74

距离产生美，从太空中看到的地球

平常在电视上看到的旅游景区很美丽，但当我们真正去看时，却发现垃圾遍地，景色也不如宣传里的美丽。但当你用照相机照出来后发现，景色又是很美丽的。这就是照相机的距离和本来的景点的距离产生了差距，忽略掉了细微的不好的一面，将美丽的一面呈现在你的眼前了。

在我们居住的地球上，到处都是我们不愿意看到的景色，比如：垃圾、沙漠、雾霾等。但当我们身处太空上，回头望我们的地球时，所有不愉快的细节都看不见了，我们只看见了一个七彩的地球。

宇航员们在天空中看到的地球是个蔚蓝色的球体，它发出晶莹的蓝色光，它的大部分地区是浅蓝色的，而被我们叫作世界屋脊的青藏高原是绿色的。大概是它海拔高，距离大气层近的缘故吧，就连高原上的湖泊都能看到，它们明亮得如一面面大镜子，散发着绿宝石一样的光。

当宇航员行进到非洲上空时，昔日令人讨厌的沙漠也变得让人喜欢了，它们静默在那里成褐色，安静而祥和，这很难让人把它和沙尘暴联系在一起。

如果宇航员正飞行到喜马拉雅山的高山地区，而又没有乌云遮挡的话，就会看到那里的森林郁郁葱葱，那里的平原如绿毯一样绵延，道路像飘带

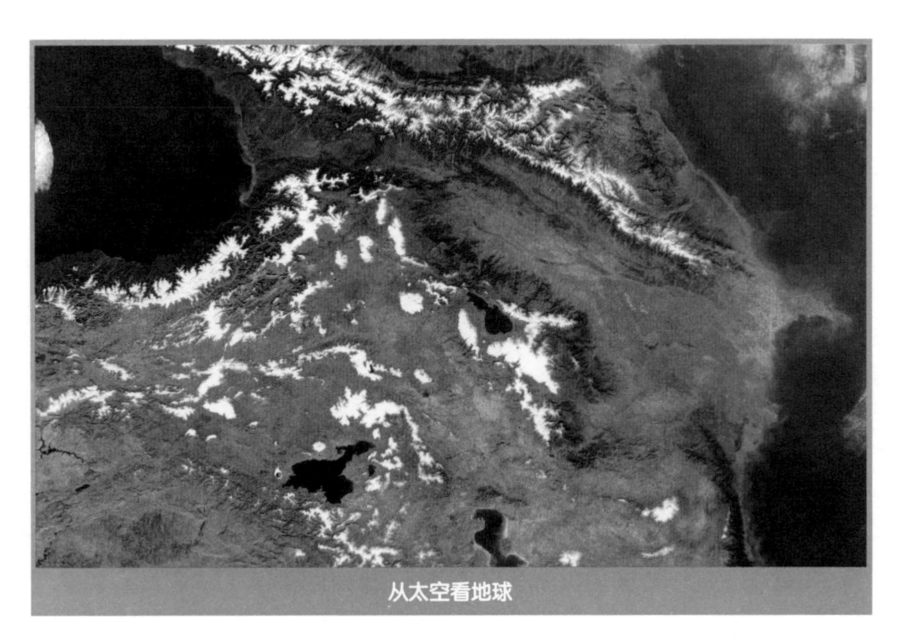
从太空看地球

一样曲折蜿蜒，河流和湖泊闪着明亮的光，如果幸运的话，还能看到房屋烟囱里冒出的炊烟。

在太空中，地球上大型的建筑物有时候也能被看到。美国宇航员飞向月球途中，曾看到了中国的万里长城，还有的宇航员在飞越美国上空时，看到了得克萨斯州的一条公路。

有很多宇航员在太空中细细向下看的话，能看到很多与众不同的东西，它们都比原来的实物美上千万倍。

闪电就是他们曾经看到的最为美丽的东西。在地球上，闪电看起来是可怕的，那些闪着枝枝杈杈的闪电如果不幸被人们碰上，就会有被烧灼的危险。但在太空中看闪电就不一样了。当雷电闪烁时，整个云层里就像开满了热烈的石竹花，如果有五六个云层的话，就会看到闪电把云层包裹住，形成一片“火海”，整个云层的景色蔚为壮观。

也许在不久的将来，我们也会看到这么美丽的地球景色呢！

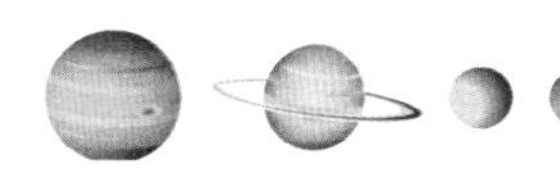

75

太空中的生活大不同

在我们的生活中，吃喝拉撒、衣食住行都是再平常不过的事情了。可是到了太空后，在失重的环境下，宇航员的生活就会变得复杂而奇妙了。

就说简单的吃吧，要根据宇航员的营养需求，再根据他们在太空中进食的方式，才能给他们制备食品。

航天食品从营养学来说，和地面上的普通食品是一样的，只要能为人们提供人体所需的营养和能量就行。但为了节省飞船上的空间和有效载荷，宇航员携带的食品应该是重量轻、体积小的。如：干化饼干和干化香肠，营养好，但吃的时候用水泡一下，它们的口感和新鲜食品差不多。

航天食品要考虑在航天特殊环境下，能经受住振动、冲击、加速度等的考验而不失效，还要考虑宇航员在失重条件下的生理改变，要针对宇航员在太空中出现的肌肉萎缩状况，因此航天食品要提供充足的优质蛋白质。另外，在太空里骨质丢失得快，这要求航天食品提供充足的钙，还要加上适当的磷和维生素等。

现在，食品备齐了，我们就来看看宇航员是怎么吃饭的吧。在失重条件下，一杯盛满水的杯子可以自由飘浮，无论是杯口朝下或是杯口朝上都一样，杯子里的水就像施了魔法般和杯子紧紧连在一起而不洒落下来。这在我们看来是生动有趣的，但对宇航员来说，却增加了吃饭的难度。

一般来说，各种食物、用具、零件等都是专门固定好了的。当宇航员从食品柜里拿出食品后，先把装食品的复合塑料膜袋剪开一个小口，然后把叉子伸进袋里叉着食物往嘴里送。

为了防止食品碎屑到处飘飞，影响到设备和宇航员正常工作，宇航食品都是用小包装，制成长方块或小球状的“一口吃”食品，争取一袋食品一口吃完，不必再切开吃。

吃饭的问题解决了，如果宇航员想要喝水或吃果酱类的汤汁食品时，会怎么吃呢？小朋友，你也许会说，直接往嘴里倒呀！可是太空里的东西都是飘浮状态的，这些汤汁类的食品只会待在容器里，根本倒不到嘴里去。你也许会问，没有水，宇航员渴了怎么办呀？别着急，科学家们有办法。他们把要喝的汤汁饮料直接装进塑料口袋或牙膏状的软铝管里，只要打开盖，一点一点往嘴里挤就能吃到流质食品了。

随着科学的进步和火箭技术的发展，宇航员在太空吃的食物越来越丰富了。如带汁的火鸡、牛肉等，它们含的水分和地面吃的基本相同。现在的宇航员们都已经能在太空舱里用微波加热器来烘烤食物了。为了防止加热时食物飘浮起来，加热器上面有一些凹进去的小格，加热时把食物固定在这些小格内，插上电源后，食物一会儿就可以加热到适宜的温度了。自从有了微波加热器，宇航员们就可以吃到香喷喷、热烘烘的炒蛋、红烧牛肉、猪排等食物了，这些食物的口感和地面上的一样。

宇航员的吃饭喝水解决了，下面我们就来看看他们是怎么解决穿衣的。他们的衣服大概是世界上最贵的衣服了，每一件的价值就达千万美元。

在人们的观念中，服装除了能遮羞、蔽体、保暖外，还要美观大方。可当宇航员进入太空时发现，所有这些都不适合宇航员。因为太空接近真空的压力环境，温度也是极端的冷和热，还没有氧气。空间的陨尘、碎片和辐射，随时会威胁宇航员的生命安全。所以，太空服应该是一个具有良

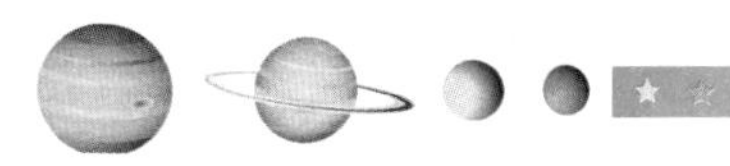

好防护系统和保障系统的服装，而不是只要美观大方那么简单的。

航天服可分为舱内航天服和舱外航天服，它们的功能各异。舱内航天服主要用于飞船压力突然降低或座舱发生泄漏时，宇航员及时穿上它，接通舱内的供氧、供气系统，服装内就会立即充压供氧，并能提供一定的通信功能和温度保障，以保证宇航员在飞船发生故障时，能够安全返回。

舱外航天服比舱内航天服更复杂一些。它是由微流量防护层（外罩）、气密限制层、真空隔热屏蔽层、液冷服和通风结构等组成。它就像一个独立的生命保障系统，能抵抗极热的环境，还能控制宇航员的平衡、压力、氧气供应、服内微环境的通风净化、电源系统、测控与通信系统等。此外，还要有良好活动性能的关节系统。

舱外航天服外面还要有个太空喷气背包，它宽约 830 毫米，高约 1.25 米，总重在 150 千克左右，里面装了 12 千克液氮，有 24 个喷嘴安装在不同的方向上，当宇航员控制扶手上的按钮时，24 个微型喷嘴就会喷射出背包里贮藏的压缩氮气，形成反推力，让宇航员在太空中实现不同方向的移动。有了这个太空喷气背包，宇航员就能在茫茫太空中随意走动了，他们甚至可以翻筋斗、旋转，无论向哪个方向活动都应用自如。

说起宇航员的睡觉更是有趣。由于人们在太空中失重飘浮，宇航员行动起来就会摇摇晃晃，如果稍一抬头仰身，就有可能来个大翻身；弯腰时又可能翻个筋斗。那么，睡觉的时候就更得小心了，稍不注意就有可能在睡梦中飘浮得满舱飞。通常，睡袋是固定在飞船内舱壁上的。人在失重时是分不清上和下的，站着和躺着睡都一样。他们可以靠着天花板睡，也可以站着靠墙壁睡。但是，为了防止他们无意中碰触到舱内开关和随意飘浮，他们睡觉时必须把双手束在胸前，并把自己捆在床上。

在宇宙中航行的宇航员也需要个人清洁卫生，如洗脸、刷牙、洗澡、大小便等。但这一切都需要有特殊的设施和技巧来解决。现在美国采用一种特制的橡皮糖，让宇航员充分咀嚼后用来代替刷牙；当宇航员洗澡时，

宇航员在太空作业

必须先将耳朵塞上，再带上护目镜，进入浴室内时，还要穿上固定的拖鞋，以防止飘浮；宇航员排泄时，马桶上有专门的气流导引装置，还有独立的尿液分离器，这些可将尿和粪便分开处理，让宇航员能够在失重情况下顺利排泄。

咱们再来说说宇航员的“行”。1965 年 3 月 18 日，苏联宇航员列昂诺夫（Alexey Leonov）离开了“上升”2 号飞船密闭舱，系着安全带在茫茫太空中行走，这是有史以来人类在太空中的第一次行走。

我们看似简单的太空行走，其实里面需要很多特殊技术保障。由于太空没有大气层的保护，太阳照射时的温度可高于 100℃，而没有阳光时的温度可低于 -200℃。在太空中还有各种辐射和微流星体存在，能随时威胁到宇航员的安全。因此，他们必须穿特制的舱外航天服，还要在出舱前吸取纯净氧将体内的氮全部排出来。因为航天服内的气压仅为大气压的 27.5%，当遇到低的气压后，如果宇航员猛然出舱，就会使血液供应不上，溶解在脂肪组织中的氮气游离出来，却不能形成气泡通过肺部排出，可能导致气栓堵塞血管，引发严重疾病。所以，宇航员在出舱前，一定要吸纯净氧排出身体内全部氮气。

在太空行走时，还要系一根保险绳，一旦宇航员自己回不到太空舱，就要用保险绳拽回。

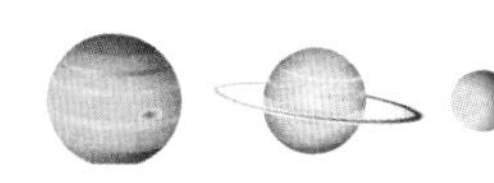

1984 年 2 月 7 日，美国的“挑战者”号宇航员布鲁斯·麦坎德雷斯（Bruce McCandles）在不系安全带的情况下，实现了太空行走，他的自由行走时长为 95 分钟，并成功捕获了已经停止工作的“太阳峰年”号人造卫星，将它修理排除故障后，又将它重新送回轨道。这是人类航天以来，第一次捕获卫星。

76

从“天之国度”回来的人

也许我们能理解当宇航员从太空回来后所获得的荣誉，但我们很难理解他们的内心所产生的巨大变化。这些心理变化，直接影响到这些宇航员返回地球后的生活。

在美国有一个 12 人的“高级俱乐部”，它是由地球上唯一登上过月球的 12 名宇航员组成。在世人的眼中，他们的生活中充满鲜花和掌声，国家给了他们无上的荣誉和无忧的生活，但这样的生活依然排解不开他们返抵地球后的心理障碍。

在登月过程中，他们遇到了难以想象的困难，在生死攸关的时候，他们所承受的困难和心理变化几乎到了崩溃的边缘。而当他们返回地球后，鲜花、荣誉、名声突然而来，和刚刚在生死线上的感觉简直是天壤之别，他们心理一下子难以转变过来而形成心理障碍。在那个征服宇宙的狂热年代，他们都以为自己是在为伟大的人类登上太空的任务而冒险，但随着“登月计划”的失败，他们再也难以实现伟大的理想了，他们就又有了郁郁不得志的感觉，这就让他们的心理更抑郁了。

这些登月宇航员，有的和妻子离了婚，有的酗酒成性，还有的整天沉浸在沮丧中。

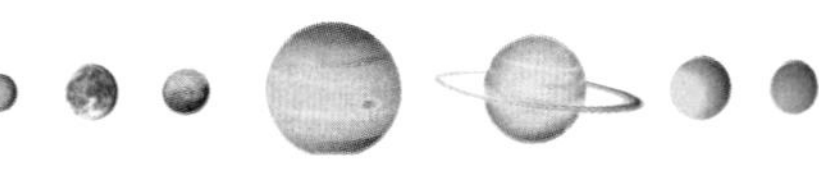

第一个踏上月球的美国宇航员尼尔·阿姆斯特朗（Neil Alden Armstrong）在返回地球后，为了能彻底从大家的目光中退隐，他先退出美国宇航局，再到辛辛那提市某航空工程学院做了一名大学教师。再后来，他一直隐居在列巴伦市的一家农场里，过着田园生活。

还有和阿姆斯特朗一同登月的奥尔德林（Buzz Aldrin），在他回到地球后就开始变得精神沮丧，并开始大量饮酒，以至和妻子分了手。他曾经这样描述在月球上的感觉："当我在月亮上行走的时候，有一种灵魂出窍的感觉。"这样的感觉几乎折磨了他一生。后来，他成功戒酒才彻底走出登月时留下的阴影。

还有一位登月者是"阿波罗 15 号"的驾驶员詹姆斯·欧文（James Irwin），他在月球的亚平宁山的一块岩石上发现了一块水晶，据说有着 45 亿年的历史，水晶又被人们称作"起源石"。欧文看到这块水晶时感到，它就是专门在那里等待他的。所以，当欧文返回地球后，建立了一个叫作"高飞"的宗教组织，他带领教员曾两次到土耳其的阿拉拉特山去寻找诺亚方舟。

和欧文一起登月的查尔斯·杜克（Charles Duke）同样也出现了心理问题，他在返回地球后酗酒成性，并经常虐待自己的孩子。他是登月人员中最年轻的一个。后来，他皈依了宗教，才彻底从登月阴影中走出来。他在忏悔中说："登月是我生命中的灰尘，已成过往。"

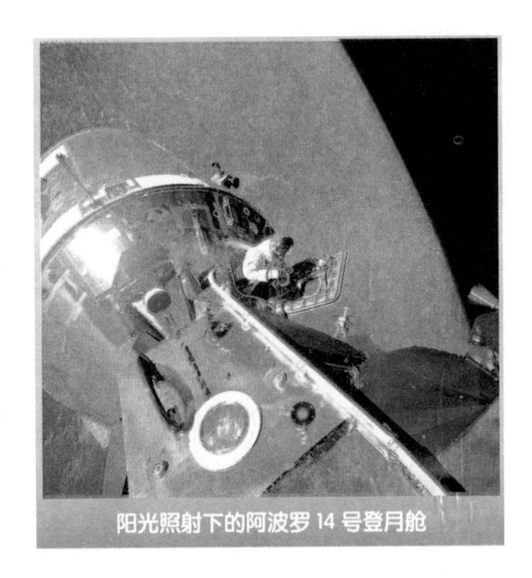
阳光照射下的阿波罗 14 号登月舱

还有"阿波罗 14 号"飞船登月舱的驾驶员艾德加·米切尔（Edgar Mitchell），当他从

月球返回太空舱时，感觉被神秘东西盯住了，他感觉那是宇宙中的智能生物在对他说话，他们有了心灵感应。他返回地球后，在加利福尼亚建立了一个“抽象科学协会”。专门从事超自然事件和对人类意识的研究。

还有一位是“阿波罗 12 号”的指令长艾伦·宾（Alan Bean），他是第四个登上月球的人，后来他成了著名的画家，但他绘画的主题永远只有一个，用他从月亮上带回来的月亮尘土混合油彩描绘月球表面场景。这也不能不说他的心理有了某种障碍。

当“阿波罗 17 号”的宇航员尤金·塞尔南（Eugene Cernan）在月亮尘土上写下自己小女儿名字的时候，谁也没有料到，这竟然是 20 世纪的最后一个人类在这里留下痕迹。他在月亮上竟然用肉眼看到了中国的长城。返回地球后，他开了一家咨询公司，心心念念想爬上中国的长城。2002 年，他终于登上了中国的长城，圆了多年的梦。

哈里森·施密特（Harrison Schmitt）的生活没有因为登月而改变过，要说唯一改变的就是有人经常问起他登月的情况。但他认为，地球和太阳系，甚至整个宇宙都是一样的，并没有因为我们的看法而改变什么。通过他的叙述可以知道，其实抱有一颗平常心，无论多么激怀壮烈的事情都不过是过眼烟云罢了。

苏联的宇航员尤里·加加林（Yuri Gagarin）是世界上第一位进入太空的人类，东方 1 号宇宙飞船曾载着他围绕地球飞行 108 分钟后回到地球，这是他唯一一次太空航行。但就是这一次，为他带来了巨大的荣誉，就连他家乡的一座城市也改名为加加林市，不幸的是，他在 1968 年的一次飞行训练时坠机身亡。

美国的宇航员约翰·格伦（John Glenn），他驾驶宇宙飞船于 1962 年 2 月 20 日环绕地球三周，他是第一个登上太空的美国人。他在宇航局退役后，被选为国会议员，他在 1998 年 10 月 29 日 77 岁高龄时，结束了参议员生涯，登上“发现号”航天飞机，又一次圆了太空梦，成为进入太空年

龄最大的人。

世界上第一位进入太空的女宇航员是苏联的瓦莲金娜·弗拉基米罗夫娜·捷列什科娃（Valentina Vladimirovna Tereshkova），她于1963年6月16日9时30分乘坐“东方6号”宇宙飞船进入太空，环绕地球飞行48圈，完成了太空飞行任务。她是迄今为止在太空飞行时间最长的女性。后来她和驾驶“东方3号”的宇航员尼古拉耶夫（Nikolayev）结为伉俪，组成了世界上第一个宇航员家庭。后来，她还生了一个活泼可爱的女儿。也就是说，太空航行没有影响到妇女的生育能力。

她在航空回来后从政，曾当选为最高苏维埃成员，成为步入政界的第一个宇航员。她还当选为苏联共产党中央委员和最高苏维埃主席团成员，曾荣获很多称号和荣誉奖章，政府还用她的头像发行了纪念币。但她最大的愿望是希望在有生之年能再一次进入太空，可谓精神可嘉。

2003年10月，杨利伟乘坐的“神舟五号”飞船顺利返回地面，这是中国的第一艘载人飞船，因此引起了世界轰动。尽管杨利伟在出舱时由于飞船震动磕破了嘴角，但他的身体状况良好。他在太空飞行了21小时23分钟，成为中国登上太空第一人。

他在随后出的《天地九重》一书里讲到了飞船刚起飞时，遇到了低频振动问题，他说，人体对10赫兹以下的低频振动非常敏感，它会让人的内脏产生共振。而当时他遇到的情况是个新的振动，是叠加在大约6G的一个负荷上的。他的内脏难受极了，他以为自己要牺牲了，他在训练中从来没有感受过这种难受。但他的大脑非常清醒，他以为飞船起飞都是这样的。后来他才知道，这样的低频振动是非正常现象。原来是发射火箭带来的副作用。后来经过改进，在以后的飞船起飞时就没有再发生这种情况。

他还在这本书里描写了另一个惊险场面，就在他进入大气层后，由于飞船与大气的摩擦，所产生的高温把舷窗外面烧得一片通红，并且有红的、白的碎片在不停划过。起初他以为遇到了“哥伦比亚”飞船一样的情况，以为舷窗被超高温烤化了，但当他看另外一个舷窗时，发现它也在出现裂纹，这时他紧张的心情才放松了些，因为他知道，这种故障重复出现的概率不高。原来是飞船外表面的防烧蚀层随着温度升高在剥落，它在剥落的过程中会带走一部分热量。后来，杨利伟安全着陆了，他的经历给以后登陆太空的人留下了宝贵经验。

看似光鲜的宇航员背后，却承受了如此大的生死考验，自人类开展载人航天活动以来，已经有 22 人牺牲，其中有 11 人是在落地时出现意外。因此，还有很多难以预见的危险在等着从太空回家的宇航员，能平安进行太空旅游，任重而道远！

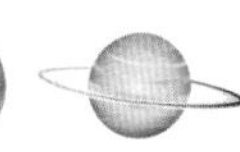

77

去火星上生活

小朋友，想不想去火星上生活呢？你也许在动画中或者天文书中，看到火星类似我们居住的地球的构造，所以，很多科学家在很多年以前就推论，火星上可能有火星人生存。也有人用望远镜清楚看到火星上有人工开采的运河，还有人误以为火卫一、火卫二是火星人发射的卫星。在现代科技发达的时代，每个发达国家都想去征服这个神秘的星球，想最先一睹它的风采，想第一个知道那里是不是有像我们一样的智慧生命。所以，很多国家就发送了很多个火星车到火星上去探索。它们最主要的目的就是去火星探测是否有水的存在，火星上只要有足够的水，就会

火星车

有氧气，智慧生命就有存活的可能。

火星车全名叫火星漫游车，是人类用火箭发射上去的一种能在火星上行走的车辆。

1962 年 11 月，苏联向火星发射第一个火星探测器“火星 1 号”，拉开了探索火星的序幕。

在此后的 30 多年里，苏联和美国曾多次向火星发射探测器，有环绕火星飞行的轨道探测器、登陆火星的探测器等。这些探测器给人类带来很多信息，但唯独没有能够证明火星有生物存在的信息。有人认为，火星生命也许只有极少量的低等生物存在。为了能找到这些微生物，人类就发明了火星漫游车。

1997 年，美国发射的火星“探路者号”探测器第一次在火星上释放了火星漫游车“索杰纳号”。但“索杰纳号”只有 10kg 重，和一个微波炉差不多大。

“索杰纳号”火星漫游车的主要任务是探测和分析岩石和土壤的化学组成，它所配的仪器是一台阿尔法质子 X 射线光谱仪，车头前面是两台黑白照相机，后面是一台彩色照相机，它还有一个调制解调器。当“索杰纳”火星漫游车获得了数据时，是经过调制解调器传到着陆器上的，再经过着陆器传回地面控制中心。

“索杰纳”在服务的 3 个月里，拍摄了大量火星照片，它分析出火星岩石主要是由石英、辉石和长石构成，这种岩石组成和地球上的岩石组成非常相似。而且它还在着陆点几千米处发现了一个长形的浅陨石坑，这有可能是小行星撞击火星的地方。它在探测阿瑞斯平原时发现，那里在远古时期曾经有过强大洪流，照片显示，有堆积在一起的鹅卵石，岩石上还留下了白色的水痕。

因为“索杰纳”不能离开火星“探路者号”太远，2003 年，美国航空航天局（NASA）又发射了“双胞胎”火星漫游车，被官方正式命名为“火

星漫游者”，它们的代号为MER-A和MER-B。美国航空航天局与著名玩具公司乐高协作，举办了为新的火星漫游车命名的竞赛。美国亚利桑那州的9岁女孩索菲·科利斯脱口而出，为它们取名为“勇气号”和“机遇号”，这两个名字被宇航局采纳。

“勇气号”在2003年6月10日发射成功；同月的25日，“机遇号”也发射成功。它们分别于2004年的美国东部标准时间1月3日和24日登上火星。

“勇气号”和“机遇号”传回了大量高清晰度的火星表面照片，“勇气号”还用小型热辐射光谱仪在着陆区观测到有碳酸盐矿物质存在。而这类矿物质通常是在有水的环境中形成的，这就意味着火星曾经有过水资源。据“勇气号”传来的信息分析，它所在的区域碳酸盐富集程度似乎比火星整体的平均分布高出很多。但也不排除这些碳酸盐是因为火星大气中所含的水气作用的产物。但这需要对周围区域进行红外测量后才能确定。

此外，“勇气号”还测量了火星上的温度，火星岩石温度要比由细小颗粒构成的物体温度低。在分析土壤中，还发现了一种名叫橄榄石的化学物质，这种化学物质的形成通常与火山爆发有关。在“勇气号”传回的土壤数据中，人们首次发现了镍和锌，此外，还有已知的硫、铁、氯、氩等化学元素。根据这些来推断，火星表面很可能是由一层颗粒较细的火山岩组成的。

“勇气号”还成功在一块玄武岩类岩石上钻出一个深2.7毫米、直径45毫米的小洞，用来分析火星过去的地质构造。它还发现了一块被科学家昵称为“米米”的岩石，这块岩石很可能蕴藏着丰富的火星地质史线索。

同年3月5日，“勇气号”找到了火星上曾有水存在的证据。在它对一块名为“哈姆佛雷”的岩石钻孔后分析其矿物质发现，该岩石在刚刚形成时曾有水渗入，形成结晶后并保留在了岩石内部。

“勇气号”还拍摄了地球照片，在黑白照片里，地球只是一个明亮的圆点。但如果是彩色的话，地球一定是蔚蓝色的。“勇气号”还拍摄到一张一条又窄又短的光迹，科学家认为可能是一颗流星，也可能是在 20 世纪 70 年代升空的“海盗”2 轨道探测器，在它完成探测使命后仍然在围着火星旋转。此后，“勇气号”又发现了火星上过去可能有水的新证据。在一块名为“马扎察尔”的火星玄武岩外部发现，该岩石被多层不同的尘埃覆盖。探测显示，“马扎察尔”很显然曾经受到过流体的冲击。

“机遇号”虽然比“勇气号”晚登陆火星，但它的探测收获也很大。它在着陆点附近也发现了火星曾经有水存在的痕迹。它用小型热辐射光谱仪发现了可能存在的赤铁矿，而赤铁矿通常是在有液态水的环境下生成的。“机遇号”还利用显微成像仪拍到火星土壤的显微照片。科学家说，很有可能在这些土壤显微照片里找到曾经有水存在的痕迹。

“机遇号”还发现了一种由沙粒、土壤和一些很圆的卵石组成的“混合物”。从它传回的火星岩床的显微照片中看出，有些小圆球镶嵌在这块岩石上，这很可能是火山喷发时形成的石球，也可能是某种液体带着溶解的矿物质，流经火山岩石时生成的石球。如果排除火山形成的原因的话，很有可能这种液体就是水。

2 月 11 日，“机遇号”发回了火星岩层图像。这些图像显示，火星岩石有细微的层次，不是以往的平行层次，而是相互交错的层次。这些不平行的线条足以证明这些岩石是因为火山活动、风或水的作用形成的。

2 月 19 日，“机遇号”在火星土壤中发现了一种神秘的发光圆球。虽然看不太清楚，但科学家断定，绝对不是光学效果。2 月 22 日，“机遇号”又发现了神秘的线状物。此外，它还拍摄到了火卫一遮挡太阳的火星日食照片，此前它也拍到过火卫二遮挡太阳的火星日食照片。2004 年 4 月 26 日，“机遇号”完成了第 90 个火星日的探测，这对孪生火星车探测计

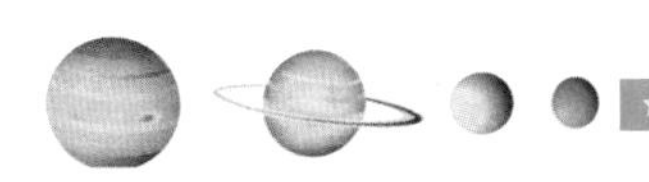

划到此宣告结束。

现在，美国宇航局正在研究跳跃式火星漫游车，它可以跳起来躲过岩石障碍，也能跳到较高的岩石上去，那样会扩大探测面。它们的功能将会更齐全，研究面也会更广。

相信在不久的将来，会有更多的漫游火星车光临火星，它们就会扩大探测面，一旦发现了液态水，火星就可能成为我们的第二个家园，去火星上生活，指日可待！

78

生命，可能不只地球上才有

人们的幻想力是无穷的，在古老的年代，人们幻想着天外有天，天外住着神仙。随着现代航天科学技术的发展，人们发现，地球外面就是太空，太空外面还是太空。当我们知道地球只是太阳系的一个行星后就在幻想，是不是在亿万个星系里，还有像地球一样的星系呢？外星球上是不是真有生命呢？

按照推论来算，应该有。星际生物学家和国际天文学家近日研究出一种新的计算方法来计算地外生命的存在。他们说，在银河系内有一亿个类似地球结构的星球，上面可能会存在生命。如果照这样估算的话，整个宇宙有五千亿个星球，这些星球总有和地球相类似的吧，所以，不能排除有类似人类的地外智慧生物存在。

我们从恒星演化的理论来论证这个问题。我们以地球为例，从地球诞生的那一刻，就注定了它拥有一个原始大气层，这个大气层含有水蒸气、甲烷、氨、氰化氢、硫化氢等。也可能还有一个由液态水组成的海洋，海洋能把大气中的各种气体溶解在海水里。就这样，简单的分子结合起来就形成了复杂的分子。但这一过程必须要有能量的输入。太阳光和紫外辐射就提供了形成复杂分子必要的能量，这会迫使简单的分子形

成较大的复杂分子。

1953年，美国化学家米勒和尤里就做过一个这样的实验，他们制备了地球原始大气中存在过的一些物质混合到一起，然后用放电作为能量输入，奇迹出现了，当这种混合物接受了几个星期的照射后，居然在它们里面发现了化合物氨基酸。而在生物中，氨基酸是生命必不可少的一种化合物。不难想象，在原始地球上，整个海洋的液体被阳光输入数十亿年的能量，海洋中的分子变得越来越复杂。最后，由于某种裂变，形成了一个复杂分子，而这个分子又能够把简单分子组成像它自身一样的另一个复杂分子。经过周而复始的叠加后，简单的生命就出现了，并在逐渐演变过程中形成了我们现在所看到的各种生命。

有研究认为，复杂的外星生命在外星球上进化的频率非常低，但进化的绝对数量是很大的。科学家根据现有的科技，探索出各个行星的特征，美国德州大学艾尔帕索分校生物科学系的路易斯·欧文（Louis Irwin）教授带领研究团队计算出了一个叫“生物复杂性指数（BCI）”的新指标，能有效计算出外星球上可能出现生命的相对概率。他们经过分析后发现，在银河星系的1700多个行星中，只有11个行星的BCI比木卫欧罗巴的高。而木卫二欧罗巴已经被科学家们认为拥有地下海洋，可能在那里孕育着成千上万的生命。路易斯·欧文团队说，照这样推测，在整个银河系，将会有1亿个行星有生命存在。

既然人类能够在地球上出现和生存，那么，符合地球特征的别的星球上出现生命也就不为奇怪了。孩子们，听说过外星人吗？咱们下一节就来讨论下各地发生的有关外星人的故事吧！

79

外星智慧生物的秘密

在别的星球上还有智慧生物存在吗？这个问题一直困惑着人类，各地UFO的出现，更给我们增加了说服力。事实上，在各地出现的有关外星人的怪异事件里，有很多是科学家们不能够用科学理论来解释的。

据说在俄罗斯和美国都发现过类似人类形状的生物的尸体，它们身高大约1～1.3米，长着一个和身材不能成比例的大脑袋，全身没有毛发，眼睛特别大，据有关人员说，这些生物不是地球上的物种，因为人们从来没有见过，他们判断，这就是外星人吧？

还有的人说，曾经见过像蠕虫类的外星人，它们身体柔软能变形。不论外星人长成什么样的形状我们都可以理解，因为在我们的地球上，也有一些生命在超高温和超高压的地方生存，它们并不需要水，也一样能繁衍后代。也就是说，外星人在其特定的环境下，为了适应环境而生存，长得千奇百怪也不为怪。

在世界各地，除了人们见过在天空飞行的椭圆形飞行器外，还有人曾经被人一夜挟持到千里之外，有人说这样的人是得了臆想症，但在很多记载里，这样的人曾有目击者看着他们突然失踪了，后来又突然出现。当有此类经历的人上医院检查时，却没有发现他们有精神疾病，不存在臆想的

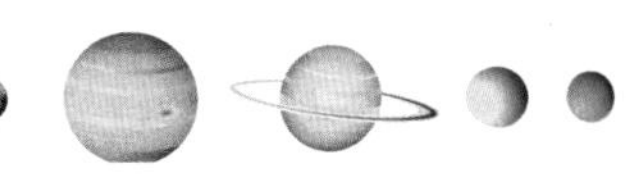

可能，所以，这样的奇怪事就连科学家也难以解释。

古希腊著名的哲学家柏拉图曾经记载过一个叫大西国的国家，它的具体位置在直布罗陀海峡正中，以前这里是一个名为亚特兰蒂斯的陆地，上面有很多的岛屿和高大的建筑。

古希腊著名哲学家柏拉图

看到柏拉图的描述后，人们才知道在远古时代还有这么一个古文明的国家，但这个国家在历史的某一时刻，突然消失不见了，有人说沉入了海底，也有人说亚特兰蒂斯就是外星人在地球上的基地。如果这一言论成立的话，那么，很多传说和未解之谜就迎刃而解了。古代有很多神话传说，有很多会飞的神，都来自天上，而他们消失时，几乎都是在海上突然不见了。还有一个很有意思的分析，就是东方国家传说中的神都来自西方，而西方国家传说中的神都是来自东方。那么，经过推理我们得出结论，这些神是不是都来自同一个地方呢？所有这些神是不是就是已经掌握了航天技术的外星人呢？

1722 年 4 月 5 日，荷兰海军上将雅各布·罗格文带领一支舰队去探险，他们在南太平洋中的一个小岛上发现了一千多座高大的石人像和石头城，因为这天也是复活节，这个小岛就被他们命名为复活岛。后来经过考古学家用碳同位素检测后发现，这是一座 3700 年前建造的石头城。

不用说这些重达数十吨的石头像是怎么从几千米的地方运来的，也不用说他们那时候的生产力是多么低下，但就这些半身人像的造型就给

了人们无穷的想象力，他们一律是高鼻梁、深眼窝、长耳朵、翘嘴巴。这些面貌特征，多像咱们想象中的外星人的特征啊！而且这些石像，无论是卧着的还是站着的，他们的面容一律朝向大海，好像大海里有他们所敬畏的东西。

在南美洲喀喀湖畔发现的一座巨大的神像上，刻着很多奇怪的符文，科学家研究后发现，这些符号居然是2.7万年前的古代星空图，它的完整和符号所代表的天文知识，足够我们现代人震惊的了！

在中国的贺兰山岩画上，清楚刻着一个UFO降落的情景：天上降下一个螺旋形的物体，人们和牲畜四下逃散。这些雕刻于几万年前的岩画上都这么描述了，是不是那时候外星人就光临过地球了呢？

还有文明古国里的建筑，如：金字塔、长城等，用于建造它们的巨石重达几十吨，那时候的科学技术还不发达，没有起重机、切割机等，要想把它们凿成长方形，再安装在高大的建筑上，几乎是人力办不到的

巨人像

事。所以，所有这些伟大的建筑，会不会是在外星人的帮助下完成的杰作呢？

胡夫金字塔

所有这些，不能排除有外星人的存在，只是以我们现在的科技还不能够探索到它们的踪迹，相信在不远的将来，我们会和它们见面的。

80

UFO 并不等于飞碟

你们对 UFO 这个词不会陌生吧？它是指不明飞行物体或者未确认的飞行物体，UFO 是 Unidentified flying object 的缩写，是指来历不明的不知道什么性质的物质，它能飘浮或者飞行在天空，被泛称为 UFO。

UFO 大体可分为四类：第一类是对已知的现象的误认；第二类是未知的发生的自然现象；第三类是未知的自然生物；第四类是指具有飞行能力，并且表现出了智能行为，不是我们地球人所制造的飞行器，这就是代表智慧的飞碟（Flying Saucer）。

对于“飞碟”这个词，小朋友，我相信你也不会陌生吧？有些人认为 UFO 是一种自然现象，而更多的人认为是来自其他星球的太空船。

从 20 世纪 40 年代开始，美国上空经常发现碟状飞行物，报纸把它称为“飞碟”。后来，人们经常发现这种“飞碟”或不明飞行物，这让科学家们和 UFO 爱好者们非常着迷。但直到现在为止，还没有能让科学界普遍接受的证据来说明它们就是来自地外文明的飞船。

“飞碟”这个词在二战以后，是大家讨论最多的话题。我们一听到飞碟的时候，小朋友，你会立刻想起什么呢？是不是脑海里立刻就有“外星人”这个词蹦出来？飞碟这个词确实已经被地球人当成了地外智慧生物制造的

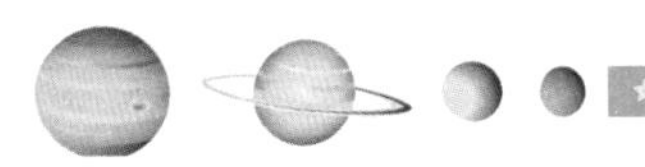

UFO 不明飞行物（幻想图）

飞行器。

1878 年 1 月，飞碟首次出现在美国得克萨斯州的空中，有农民看到一个圆形物体在天空飞行。当时美国有 150 多家报纸登载了这一新闻，并首次把这种物体称作“飞碟”。1947 年 6 月的美国爱达荷州，企业家 K. 阿诺德驾驶私人飞机途经华盛顿的雷尼尔山附近时，发现了 9 个圆盘在空中高速掠过，它们呈跳跃式前进。这一事件又吸引了人们研究飞碟的兴趣，以至全球都有飞碟的有关消息纷纷报道。

对于飞碟引起的议论很有趣，一般认为有以下几种：

第一种是对已知的自然现象和物体的误认。对大气现象的误认，如：球状闪电、幻日、幻月、极光、爱尔摩火、地光、海市蜃楼、流云等；对已知天体的误认，如：恒星、行星、彗星、流星、陨星等；对已知的生物的误认，如：飞鸟、蝴蝶群等；对生物学因素的误认，如：人的眼睛有几秒残留影像、眼睛的缺陷，会对海洋湖泊中的飞机倒影产生错觉等；对光学因素的误认，如：照相机的显影和内反射的缺陷所造成的照片假象，或

幻日

球状闪电

者是窗户或眼镜的反光引起的重叠影像等；对雷达的假目标的误认，如：雷达副波、散射、反常折射、多次折射等，出现这种情况通常是因为天空中的电密层或云层的反射，或是来自高湿、高温度区域的反射等；对人造机械的误认，如：飞机灯光、飞机反射的阳光、重返大气层的人造卫星、点火后正在工作的火箭、军事试验飞行器、气球、云层中反射的照明弹、探照灯光、信标灯、信号弹、秘密武器、降落伞等，都会被人们误认为是飞碟。

第二种被人们和科学家广泛宣传，他们认为飞碟是地外有智慧的生物制造的飞行器，是地外生物探索宇宙必不可少的航天工具。飞碟被人们认为是地外生物高度文明的产物。

第三种是认为飞碟是未来人的时空机器，未来人类可以搭乘飞碟回到过去。孩子们，飞碟难道从未来穿越到现在了吗？

第四种是认为飞碟是在地内生活的人的飞行器：他们居住在地球内部，当他们出来活动时，就乘坐这样的飞行器来到地球表面。

第五种是认为是一种心理现象。有的人对飞碟知识一知半解，但却在大脑里扩大了飞碟的误认，他们把飞碟和自己的经历交错在一起，在大脑

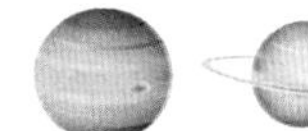

流 云

里形成了臆想的模式，他自己就会认为自己曾经看到过飞碟，或者被飞碟上的太空人俘获等情节是真实的。

事实证明，很多飞碟或UFO照片都已经被科学家们破解，但仍有些照片至今还是个谜。因此UFO和飞碟现象已经成为世界十大谜之一。

孩子们，未来属于世界，世界属于我们。在自然中，很多谜底还有待于我们去解开。我们现在要做的事就是要始终保持一颗好奇的心，让大脑在幻想里驰骋，当我们的知识积累到一定程度的时候，就是我们解开谜底的日子。太空在向我们召唤，未来在等着我们去开拓！